ドイツ環境行政法と欧州

山田　洋

ドイツ環境行政法と欧州

学術選書
18
環境行政法

信山社

はしがき

グローバル・スタンダードの時代である。とりわけ、環境法の分野においては、このことが強調されるし、環境に国境は有りえないという素朴な認識を前提としても、その重要性自体は、自明といってよかろう。これに遅れをとることは、国際的な非難の対象となりかねない状況となっている。ただ、問題は、何を基準として国際的な水準を判断するか、あるいは、どこから水準を見つけてくるかであろう。条約などによる明確な基準が存在すればよいが、それがない場合には、それぞれの国が依拠すべき基準あるいは達成すべき水準を自ら見出さなければならないこととなる。そうした意味からは、わが国においても、EC／EUの環境法に興味が集まることも、自然の成りゆきと言えよう。

もちろん、環境法の分野においても、国際的な水準への適応には、それなりの困難をともなう。もっとも、わが国は、従来から海外の制度を柔軟に溶け込ませることを得意としてきたし、環境法についても、例外ではない。したがって、そこにおける国際水準への適応の問題も、とくに目新しい難問ではないと考えられるかもしれない。ただ、従来から往々にして見られた海外の制度を自らの身の丈に合わせて仕立て直すという手法については、本当の意味での国際化としての評価に値するであろうか。そのあり方について、もう一度、考え直してみるべき時期であるとも思われる。そうした観点からは、いわゆる国際水準への適応についての諸外国の姿勢についても、目配りが必要と言えよう。

こうした観点から、国境を越えた環境行政法の枠組としてのEC／EU法について、どのようにドイツが対応しているかを検討するのが本書の課題である。わが国において先進的な環境国家として紹介されることの多いドイツにとっても、以下で見るとおり、それへの適応は必ずしも容易なことではない。環境行政法の中でも、その影響がとくに顕著とみられる環境情報公開、廃棄物管理、環境アセスメントの三分野を例にとって、その動向の検証を試みることとしたい。

もっとも、筆者は、環境行政法について、体系的に研究してきたわけではないし、いわんや、EC／EU法についでは、まったくの素人に過ぎない。したがって、こうしたテーマについて、網羅的かつ立ち入った分析をする能力を有しない。そもそも、本書は、序章を書き下ろした以外、一定した構想もないまま発表してきた論稿をとりまとめたものに過ぎない。このため、テーマ全体からみれば、その極く一部を素描しているにとどまるし、逆に、多くの重複した記述を削除することも断念した。また、原論稿の脱稿後の動向についても、追記の形で簡単に補完することとし、わずかな語句について加除あるいは訂正したほかは、従来の記述を残している。筆者の能力から考えて、本格的な改訂を試みれば、イタチごっこの結果となり、本書が未刊に終わることは明らかだったからである。

このように質量ともに中途半端な本書ではあるが、前著と同様に、多くの方々のご教示の賜物であることは、いうまでもない。重ねてお名前を挙げる非礼は避けるが、この機会に、あらためて御礼申し上げる。ただし、本書のテーマとの関連から、これに関心を抱く契機を作っていただいたコンスタンツ大学法学部のヴィンフリート・ブローム教授（Prof. Dr. Winfried Brohm）には、とくに謝意を表させていただく。また、本書の出版は、信山社の袖山貴氏のご尽力による。

最後に、本書に収録した論稿の発表時期は、筆者の東洋大学法学部への在職期間とほぼ一致する。必ずしも長い期間ではなかったが、同学部の諸先生の公私にわたるご厚情に対しても、この機会に、御礼を申し述べさせていただく。この時期に本書の刊行を決意した主観的な動機は、これによって筆者の謝意を形にしたかったからに他ならない。

平成一〇年八月

著　者

目　次

序章　ＥＣ環境法とドイツ行政法

一　はじめに

(1)　多岐にわたる法の諸分野の中でも、環境法あるいは環境行政法がもっとも変化の多い分野であることには、あまり異論がないものと思われる。その第一の原因は、いうまでもなく、この分野が急速な科学技術の展開を反映せざるをえないことにある。つぎに、この分野が日々に変化する市民の環境意識に敏感に反応すべきものとされ、現実にも、その感度を高めつつあることが、環境法の変化を加速している。さらに、環境問題が地球規模で把握されることとなり、その対策が国際的な枠組の中で実施される傾向となった結果、国内の環境法も国際的な水準（いわゆる、グローバル・スタンダード）への適応を余儀なくされ、その変化に一層の拍車がかかることとなっているといえる。(1)

さて、国際水準への適応は、他の分野におけると同様、環境法の分野においても、いうまでもなく、それなりの困難を伴う。もっとも、この適応の問題についても、それが規制等の強度（たとえば、排出基準の強化）などに留まる限りは、すでに先進的な環境対策が実施されている国においては、これが達成済みであることが多いであろうし、なお未達成な場合であっても、経済力と技術力を有する先進国にとっては、その達成に大きな困難は生じないはずである。

むしろ問題となるのは、環境法制の「仕組み」の問題である。すなわち、環境対策の国際的な枠組は、多くの場合、各国に新たな仕組みもしくは制度の導入を求めることとなる。しかし、各国には、それぞれ既存の環境法制の枠組が存在するわけで、その中に国際水準によって要求される未知の仕組みを組み込み、整合させることは極めて困難となる。ここで問題としている環境行政の法制度も、その国の行政法の制度一般を反映しているわけで、そこに異質の仕組みを組み込むことは、結果的には、その国の行政法制そのものに影響を与えることともなりかねないのである。(2)

（**2**）　環境法における最も包括的かつ体系的な国際的枠組としては、それが地域的に限定されたものであるとはいえ、いうまでもなくＥＵ／ＥＣ（以下、時期を問わずにＥＣと呼ぶ）(3)における環境法が存在する。すでに、わが国においても広く紹介されているように、そこでは、かなり早くから環境政策への積極的な取組が展開されている。もっとも、その環境政策に関する権限についての条約上の根拠が明文化されたのは、一九八六年の単一欧州議定書による条約改正である。しかし、それに大きく先行する形で、すでに七〇年代の前半から、多くの環境政策が打ち出されてきた。(4)

その理由の第一は、経済共同体としての同組織の元来の目的との関連から、加盟各国における企業の環境対策費用を平準化することが公正な価格競争の前提であり、そのためには加盟国の環境規制を平準化しなければならないという事情の存在したことである。さらに、国境を接する加盟国間の地理的条件から、環境汚染は、簡単に国境を越えることとなり、その対策についても国境を越えた取組みが必要であるという認識が存在することともちろんである。現実にも、多くの国境を越えた環境汚染の事例が発生し、このような認識は、多くの市民の共通認識となっているといえる。最後に、市場統合の促進による経済活動の一体化は、各国個別の環境対策を様々の局面で困難にしている。各国のトラックが自由に走り回る現状においては、国別の排ガス対策は無意味であろうし、各国の物資が自由に流通する中では、国別の有害物質規制や廃棄物規制は困難にものとなっている。(5)

本稿は、ＥＣの環境法全体の発展の後や現状を概観することを目的とするものではなく、既に広く紹介されているところでもあるから、ここで立ち入ることはしない。ただ、ここでは、ＥＣ環境法が、その規制範囲と規制密度の両者において、ますます強化される傾向にあることを強調しておくに留める。(6)すなわち、規制範囲については、当初の大気汚染や騒音規制といった限られた分野から、環境影響評価や環境情報公開などに代表されるように、環境政策全般を包括するものとなる傾向が顕著である。さらに、その規制密度については、当初は、加盟国による国内法化が必要とされ、そこにおける各国の裁量の幅の残る「指令」が多用されていた。(7)これに対して、近年は、直接に国内法として適用される「規則」の形式によるものが少なくなく、「指令」による場合も、内容的に詳細にわたるものが増えてきている。こうした状況を反映して、ＥＣの環境政策は、ますます密度を濃くし、加盟各国の環境政策は、それへの依存あるいは従属を余儀なくされることとなっている。(8)

（**3**）さて、本稿において問題としているドイツについても、あらためて指摘するまでもなく、近年の環境法の展開においては、ＥＣ法の影響は顕著あるいは決定的といえる。近年のドイツにおける環境法の主要な展開において、(9)ＥＣ法の影響を受けていないものを探すことはおよそ不可能とすらいえるかもしれない。(10)ただし、これも周知のところといえようが、ドイツは、もともとＥＣ加盟国の中でも環境規制の厳格な国であり、ＥＣにおける規制強度の決定をもリードする立場にある。したがって、環境規制の強度に関しては、すでにＥＣの基準を満たしていることが少なくない。なお、基準を満たしていない場合においても、ドイツの技術的あるいは経済的な優位を前提とすれば、達成に困難が伴うような基準が設けられる可能性は薄い。むしろ、ここでの問題は、ＥＣのそれが国内法よりも緩すぎる場合であるが、条約上、ＥＣの規制を上回る規制を国内法によって実施することは原則的に許容されているから、国内法との抵触が問題となる余地は少ない[11]。

ＥＣの環境法と国内法との調和を図るに際して、ドイツが多く直面する問題は、こうした規制の強度の問題ではなく、規制の仕組みの相違の問題である[12]。様々な法的伝統を有する加盟国は、それぞれ自国の法制度の伝統に即した環境法の仕組みをもっており、これらの国々の制度の影響を複雑に被って、ＥＣ法は、出来上がることとなる[13]。とりわけ、環境法の分野においては、加盟国の法制度を通じて、アメリカの先進的な制度なども大きな影響を及ぼすこととなっている[14]。その結果、ドイツの立場から見れば、たとえばイギリス式の法制度を前提としたイギリス風の環境規制の仕組みの導入をＥＣを通じて迫られるといった事例がおこりうることとなるのである。しかし、ドイツには、ドイツの法体系の伝統に根差した確固とした環境法のシステムが既に存在するわけで、そこに異質の仕組みを位置付け、さらに整合させることは、容易なことではない。

以下、本稿においては、ＥＣの環境法とりわけ環境行政法について、ドイツの伝統的な行政法体系を前提とする環境法のあり方との軋轢を概観し、その原因を検討していくこととする。これを通じて、環境法における国際的な平準化を前にして、そこで生ずるであろう困難の一端を垣間見ることとしたい。

二　実体法志向と手続法志向

（1）　イギリスなどと異なり、ドイツの伝統的な行政法体系が行政活動の実体法的な規制を重視するものであることについては、同国においても古くから指摘され続けてきたところである。[15] もちろん、こうした認識については、一九七六年の行政手続法の制定[16]、それに続く近年の行政手続についての判例学説の急速な展開などによって、一定の修正を免れない。しかし、環境法などにおける行政規制の現実の法システムにおいては、今もなお、実体法志向の伝統が根強く生きていることも否定しがたい。

すなわち、こうした行政規制の中核をなすイムミシオン防止法などにおける施設の監督システムは[17]、いうまでもなく操業開始前の許可とその後の監督処分の組合わせを基本とする。そして、いずれにおいても、それぞれの実体的な要件、とりわけ汚染物質の排出基準を厳密に定めることによって、監督官庁の権限行使をコントロールするというのが基本的な構造となっている。[18] もちろん、排出基準などは、必ずしも根拠法律自体に規定されるわけではなく、行政規則などの形式で定められるのが通常である。しかし、いずれにしろ、こうした基準に適合すれば許可がなされ、これに適合しないときは許可の拒否あるいは監督処分の発動がなされるという仕組みである。

もちろん、こうした許可などについても、ドイツ法も、伝統的に、関係者等による異議申立てなどの手続規定を置いてきた。[19] しかし、許可の是非が実体的な基準を満たすか否かに係っている以上、関係者等の意見なども基準適合性ついての判断資料に過ぎないこととなるわけで、本来的には、手続における利害調整等の結果が許可などの決定に反映するという発想はない。結局、しばしば用いられてきた表現に従えば、「手続規定は実体規定に奉仕するものにすぎない」ということになる。こうした基本的な姿勢は、手続規定に対する違反が処分の効力に直結しないとする実定法規定や判例理論にも投影されることともなるのである。[20]

（2）　一方、ＥＣ法においても、当初の段階においては、施設についての許可や監督処分の要件として機能する排出基準などの統一が志向されていた。[21]しかし、その後の加盟国の拡大による加盟国間の経済状況などの格差の拡大などを反映して、近年では、こうした統一的基準についての合意の形成が困難となりつつある。すなわち、共通市場における競争において、厳格な基準の設定が域内の先進国に、緩やかな基準の設定が域内の後発国に有利に働くことが明らかであるため、もはや、この間の調整が不可能となりつつあるためである。[22]その結果、近年のＥＣ環境法においては、基準の統一への志向は大幅に後退し、むしろ、より良い環境を達成するための制度的な仕組みの実現が志向される傾向となっているのである。

さらに、近年の環境保護の進展により、その課題は、従来のような有害であることの明らかな一定レベル以上の汚染を防止することに留まらなくなっている。たとえば、必ずしも有害であることが立証されない物質についても、その排出が規制されることもでてくるが、こうした物質については、一定の排出基準を決定することは不可能であり、むしろ排出を可能なかぎり減らす配慮が必要となってくる。[23]また、自然環境の保全になどについても、[24]一定の基準の設定は不可能であり、それへの侵害の最小化が課題となる。このような環境保護の精緻化の傾向は、ＥＣ環境法にも明らかな影響を与えつつあり、このことが実体的な基準設定の放棄の傾向に拍車をかけることとなっている。

この結果、施設の許可制度などについても、従来のように、これを一定の統一した基準の遵守を保証する場であると見るのではなく、環境への十分な配慮がなされるような仕組みをその中に組み込むことに関心が向けられることとなる。いい換えれば、ＥＣの環境法における許可や監督処分のあり方は、基準などの実体要件の統一から手続のあり方の統一へと重点を移しつつあるわけである。[25] こうした考え方が伝統的な英米法的な手続法志向に親和的であり、現実にも、そこから多くを学んでいることも、明らかである。[26]

（3）　こうした手続志向の顕著な例は、いうまでもなく、環境影響評価制度の導入である。しばしば指摘されることであるが、本来の環境影響評価制度は、計画された施設などが既存の環境上の基準に適合するか否かを審査する場ではない。むしろ、それは、計画された施設などについて、さまざまな情報を調整しながら、環境に対する負荷のより少ないあり方を模索する過程であるとされる。[27] したがって、ここでは、評価の項目などの基準はありえても、評価の実質的な基準（いいかえれば、施設の是非を決する基準）は、存在しないのが当然と言える。むしろ、ここでは、代替案との比較などが重要な役割を担うこととなる。[28]

周知のとおり、ＥＣは、一九八五年の指令によって、加盟各国に環境影響評価制度の法制化を義務付けているが、[29] この指令の内容は、もっぱら手続的な規定によって占められている。すなわち、関係住民などの参加の下に事業の環境に与える影響を調査さらには評価し、この結果を「考慮」して行政機関における許可などの決定をするという制度の導入を求めたわけである。これによって、ドイツも、こうした制度の国内法化を迫られることとなったのであるが、ドイツには、従来から、事業による環境汚染などを防止するための制度として、計画確定手続やイムミシオン防止法などによる許可手続が存在したわけで、これらに環境影響評価制度を組み込むことを考えたのは、当然の選択と言える。

この場合、計画確定手続については、もともと、環境への配慮などを含む総合的較量による政策判断の場であると性格づけられてきたため、そこに環境影響評価を組み込むことに違和感はない。そこでは、実体法的には、従来から環境への配慮はなされていたわけで、新制度の導入によって、いくつかの手続が加わるということにすぎない。これに対し、許可手続については、従来は、排出基準といった客観的な基準に対する適合性を判断する場であると理解されてきたから、先に述べたような本来的な意味における環境影響評価とは相入れない制度のはずである。[30] すなわち、この許可手続においては、要は基準を満たしていれば許可をなさなければならないわけで、環境影響評価といった手続の結果を「考慮」するといった発想とは無縁のものである。たとえば、そこに代替案の比較といった観点が登場する余地がないこともいうまでもない。もちろん、環境影響評価を事業が従来の基準と適合するか否かをチェックする場であると理解してしまえば、従来の許可手続と大差がないこととなるが、これが本来の環境影響評価制度と言えるか否かは、もはや疑わしくなってくるのである。この問題は、ドイツにおける環境影響評価制度の導入において、最大のネックとなり、期限に遅れて立法化された同国の環境影響評価法[31]においても、明確な解決がなされたとはいいがたい。結局のところ、施行令などの規定内容から読み取れるように、従来の許可手続の構造を維持したままで、手続のみをＥＣ指令の要請に合わせたと評価すべきこととなろう。

同様の問題は、環境影響評価指令のみならず、多くの指令の国内法化において生ずる問題である。たとえば、ＥＣの統合的環境規制指令[32]の制定過程においても、ドイツの関心は、もっぱら排出基準などの統一に向けられていた。[33] しかし、最終的に出来上がった指令は、むしろ許可手続にあり方に関する統一を志向するものであり、[34] ドイツの伝統的な許可手続のあり方に大きな変革をもたらすものとなっている。

(4)　さらに、実体法優位の伝統的ドイツの法体系の中に、それに整合する範囲でＥＣ型の手続規定を組み込んだ場合、その位置付けは、相対的に軽いものとならざるを得ない。[35] すなわち、許可などの効力は、もっぱら基準への適合性にかかるわけで、環境影響評価が適正になされるか否かなどは、副次的なものに留まる。そこにおける違法などは、ドイツ風の表現によれば「単なる手続違反」として、限られた効果しか認められないこととなる。すなわち、ドイツの伝統的な考え方からいえば、行政処分の手続的瑕疵は、その内容に影響を与えた限りにおいて、処分の効力に影響することとされてきた。(36) その結果、許可手続が基準適合性の審査の場であると解され続けるかぎり、そこにおける環境影響評価のあり方などは、許可の是非に影響するはずもなく、その違法が許可の効力に影響を与える余地はないということとなる。また、計画確定手続についても、問題は環境について実質的に考慮されているか否かであって、その評価手続が法にそって為されたか否かは、決定の効力には係わりないとされる傾向となる。(37) こうした手続規定の効力の相対化は、環境影響評価指令や統合的環境規制指令に留まらず、多くのＥＣによる指令に基づく手続規定の実効性に影を落とすこととなろう。もちろん、このような取扱いが手続による統制を重視するＥＣの方針に沿うものと言えるかは大いに疑問であり、(38) こうした意味からも、実体法志向のドイツ法のあり方は、変革を迫られることとなるのである。

しかし、一方では、近年のドイツにおいては、「ドイツの立地条件（Wirtschaftsstandort Deutschland）」の改善をスローガンとする手続の簡素化と促進の動きが顕著である。(39) そこでは、ＥＣの主導による許可手続などにおける新たな手続の導入は、それに逆行するものとして、必ずしも歓迎されないこととなる。ドイツにおける環境法の近年の展開は、こうしたＥＣ法による新たな手続や仕組みの導入の要請と国内的な手続簡素化の要請との衝突の結果として、複雑な様相を呈することとなっている。(40) このことは、各種のＥＣ指令の国内法化の過程において、顕著に示されることとなるのである。

三　個別志向と統合志向

（１）　ドイツ法における実体法志向、いいかえれば許可などについて客観的な基準を設定することを重視し、そのことによって監督機関などの権限行使をコントロールしようという考え方は、必然的に、そうした客観的な基準を策定することが可能な範囲において、事業者などの活動を規制する仕組みを考えるという傾向を生む。[41] いうまでもなく、基準の客観化は、分析的な手法が前提となる。すなわち、基準を客観化するためには、施設一般の環境一般への影響といった大ざっぱな規制は不可能であり、まず、施設の種類を分類し、それに影響される水や大気といった環境媒体（環境メディア）を分類し、さらに、それに排出される汚染物質を分類して、それぞれについて基準を設定するという方式を取らざるを得ないこととなる。

この場合、それぞれの基準への適合性は、それぞれ独立に審査されることとなる。[42] たとえば、大気への排出基準への適合性と水への排出基準への適合性は、もちろん、別個に独立のものとして判断されるわけである。そうであれば、この両者を一つの手続において一つの機関が審査するか、別々の手続と機関が判断するかは、単なる合目的性の問題ということとなる。実際にも、ドイツにおいては、大気については、イムミシオン防止法による許可手続、水については水管理法による許可手続というように、別個の手続によって基準適合性が判断されることとなっている。個別の基準適合性のみを問題とするドイツの伝統からいえば、こうした許可手続の全体構造は、むしろ合理的ということとなろう。

（２）　すでに触れたように、ＥＣの環境法も、当初は、水や大気、土壌といった媒体毎に統一した基準を設定することが志向されていた。しかし、こうした基準の設定への志向が後退してくるとともに、媒体毎の規制という手法そのものも、転換される傾向となる。(43) すなわち、基準の設定による規制に変わって、環境への適切な配慮を含む諸利害の調整の場としての手続を整備することがＥＣ環境法の方向となるとともに、その当然の帰結として、環境全般についての統合的な規制の要請が全面に登場することとなる。すなわち、施設の設置に係わる手続を利害調整の場であると位置付けた場合、これが複数の媒体毎に並行して存在するのは不合理であり、様々な媒体への影響などを総合的に評価する場が必要となるからである。いいかえれば、媒体毎の排出基準などによる評価ができないとすれば、施設による環境への影響の評価は、代替案との比較などによって決するほかになくなるわけで、そのためには施設の影響を総合的に評価する手続が不可欠となるわけである。

その一方では、近年、環境法の新たなあり方として、統合的な環境保護の必要性が強調されることとなっている。(44) すなわち、水質浄化による汚泥によって土壌汚染が生ずるといった例のように、従来の媒体毎の環境規制は、結果的には、汚染を他の媒体に転換するだけになりかねないとする。要するに、大気や水、土壌などは、一体となって自然のサイクルを形成しているわけで、その全体をトータルに把握しなければ、本当の意味での環境保護は不可能であるという考え方である。こうした基本的な考え方は、ここ十年程の間に、先進各国において趨勢とまでなりつつある。(45)

こうした背景から、近年のＥＣ環境法においては、統合的な環境保護の要請が全面に押し出されることとなりつつある。先にも触れた環境影響評価指令なども、この顕著な実例であるし、その到達点が統合的環境規制指令であることもいうまでもない。そのほか、環境監査の規則(46)なども、企業活動全体の環境負荷の減少を図るという視点からは、この統合的手法の中に位置付けることもできる。さらに、動植物生息地保護指令(47)といった自然保護に関する諸指令にも、こうした志向は顕著である。

（3）　このようなＥＣ型の統合的な環境保護の手法の導入をドイツも迫られることとなるわけであるが、そこでドイツの伝統的な個別的な基準設定の手法と摩擦を生ずることは明らかである。くり返して指摘してきたように、こうした統合的な評価においては、本来的に、評価の基準というものはありえず、手続の場における利害調整あるいは利益較量が本質とされるからである。(48)とりわけ、ドイツのイムミシオン防止法などによる民間施設についての環境規制については、基準適合性から利益較量への構造転換、さらには、それに伴う法的羈束から裁量への転換は、抜本的な発想転換を要することとなる。それのみならず、ドイツの現行制度は、多くの点で、媒体毎の規制を前提としている。たとえば、規制についての立法管轄についても、媒体毎に州と連邦とで分担されてきたわけであって、これを統一するのは容易なことではない。

もちろん、ドイツ法においても、計画確定手続については、メディア横断的な環境保護の要請を含めた総合的な利益較量の仕組みとして理解されてきたわけで、統合的な評価の手法が全く未知のものであるとは言い難い。また、従来から、イムミシオン防止法などにおける許可手続についても、拒否裁量の承認など、利害調整の要素が認められる傾向となり、計画確定手続との相対化が指摘されてきた。(49)その意味では、従来の計画確定手続の手法の拡大によって、ＥＣの要請する統合的な評価の手法に近づけることにも、大きな抵抗が無いように思われる。しかし、このような統合的な評価の手法の導入は、従来は基準適合性審査の手続であった許可手続に複雑な利害調整の要素を持ち込むことを意味するだけに、前述の手続簡素化の傾向の中では、歓迎されにくい側面がある。この観点からも、ドイツ環境行政法は、新たな仕組みの導入に向けて、困難な対応を迫られていると言える。

四　規制志向と参加志向

（**1**）　くりかえし指摘してきたように、従来のドイツにおける環境保護の基本的な仕組みは、事業についての事前の許可と操業後の監督処分の組み合わせであったと言ってよい。これが近年の行政法学にいう「規制的手法(administrative Kontrollinstrumente)」であり、[50]要するに事業者による事業活動を行政がコントロールするというシステムであるといえる。こうしたシステムにおいては、環境保護についての主たる担い手は、規制権限を付与された行政機関ということとなり、その規制権限の行使によって環境保護が担保されることとなる。[51]言い換えれば、こうしたシステムが有効に機能するためには、行政機関が規制権限の行使について積極的であるのが前提となるのであり、ここでの法律は、どちらかというと、事業者の権利保護のために行政機関の権限行使に枠をはめる機能を期待されていると言える。

これに対してＥＣ環境法においては、その執行にあたるＥＣ自身の行政機関が存在しない。[52]指令の場合には、加盟国による国内法化が必要となるし、規則であっても、その実際の執行は、加盟国の行政機関の手に委ねられることとなる。そして、環境法に限ったことではないが、ＥＣとしては、加盟国が自国経済などの利益のためにＥＣ法の国内法化や執行をサボタージュしようとすることを計算しなければならない宿命にある。すなわち、環境保護のため、いかに強力な規制権限をＥＣ法が加盟国の行政機関に付与したとしても、こうした権限が的確に行使される保証はなく、むしろ、これを期待しにくい立場にあるといえよう。同様のことは、指令の国内法化についても妥当する。

現実にも、ＥＣによる環境政策が本格化するにつれて、逆に、これについての指令が加盟国によって的確に国内法化されず、あるいは執行されないという問題が表面化することとなる。いわゆる環境法における「執行の欠缺（Vollzugsdefizit）」である。[53] もちろん、こうした加盟国による義務違反に対して、委員会（Kommission）は、欧州裁判所に提訴する権限が認められており、実際にも環境政策に関する多くの訴訟が提起されている。[54] しかし、こうした訴訟による義務履行の確保は、多くの時間を要する上、判決の実効性にも問題が多いため、実質的な解決にはつながっていないのが現状と言える。[55]

（**2**）　こうしたＥＣ環境法、とりわけ、そこにおける規制的手法の機能不全の現状をうけて、近年では、環境保護の促進について、加盟国の政府や行政機関によるコントロールのみに期待することを諦め、事業者による自主的な取組みを誘導するとともに、情報公開の拡大によって市民による監視を重視するという方向が顕著となっている。[56] いわば「上からの監視」から「下からの監視」への発想転換である。市民による「下からの監視」は、事業者による環境保護の取組みを促すとともに、加盟国政府によるＥＣ環境法の履行を監視する役割をも期待されることとなるのである。

こうした傾向のもっとも顕著な実例は、いうまでもなく環境情報公開指令[57]である。環境情報の公開による「市民の動員（Mobilisierung）」が環境法の「執行の欠缺」を是正する有力な手段であることについては、さかんに強調されるところである。[58] さらに、環境監査規則においても、企業の自主的な制度加入が強調される一方、報告書などの公開による市民の目による企業活動の監視が眼目とされ、そこにおける行政の役割は大きくない。そのほか、環境影響評価指令や統合的環境規制指令などにおいても、むしろ制度の主役は、許可官庁ではなく、事業者自身と手続に参加する市民であると見ることができる。そこにおいても、事業などによる環境への影響を調査するのは、基本的には事業者自身であり、その結果を市民に公開することによって事業のあり方をコントロールするというのが制度の基本的構造といえる。そのほか、廃棄物指令(59)など、多くの環境政策において、ＥＣ環境法における手続の重視の方向とも絡んで、市民への情報公開とそれによる監視あるいは参加が強調されることとなっている。

(3)　これに対して、周知のとおり、従来のドイツ行政法は、市民一般に対する情報公開という発想を欠いてきた。そこにおいては、もっぱら利害関係者たる市民の権利保護のみが意識され、行政情報の公開についても、具体的な事件についての行政手続における利害関係者の文書閲覧請求権の保障を念頭においてきた。そもそも、ドイツ行政法の体系自体が市民の権利保護の体系として構築されており、行政文書の閲覧請求権なども、その一手段として位置付けられてきたわけである。同様に、市民参加の制度にしても、伝統的には行政機関の情報収集のための手段と位置付けられてきたのであって、近年でも利害関係者の権利保護の手段としての位置付けが強調されることとなっているにすぎない。少なくとも、一般市民に対する情報公開や市民参加の制度について、それを一般市民による行政活動などについてのコントロールの手段として正面から位置付ける発想には乏しかったと言わなければならない(60)。

より一般的に言えば、従来のドイツの行政法学自体が行政行為を中心とする行政の規制的手法に対する相手方をはじめとする利害関係者の権利保護の観点から体系化されてきた。したがって、環境行政法の分野においても、事業者自身の手による自主的な環境配慮の誘導、さらには、それについての情報公開による一般市民の目による監視と言った制度を位置付ける手がかりに乏しいということとなる。その結果、たとえば、環境情報公開指令によって一般市民に対する環境情報の公開の制度化を迫られた場合(61)、これを従来の法体系の中に組み込むことが難しくならざるを得ない。より具体的に言えば、従来の権利保護の制度としての行政手続や裁判手続との整合性を確保するために相当の苦心を要することとなるわけである。(62) あるいは、環境影響評価制度にしても、これを事業者の自主的な取組と市民の監視を重視する制度と捕らえた場合には、従来の行政機関主導の規制的手法としての許認可手続の中にこれを組み込むためには、一定の発想の転換を要することとなる。(63)

しかも、ＥＣ環境法の要請としての市民による監視あるいはコントロールの拡大という方向は、近年のドイツの傾向としての手続促進の方向とは衝突する可能性が高い。もちろん、行政機関による規制の後退という側面から捕らえれば、いわゆる規制緩和の方向と合致し、経済活動の活性化につながるともいえるわけであるが、(64) 少なくとも短期的には、こうした要請は、手続の複雑化あるいは長期化の要因として受け取られることとなる。こうした意味でも、ドイツ環境法は、微妙かつ複雑な対応を求められているのである。

五　むすび

(1)　以上、実体法志向から手続志向へ、個別志向から統合志向へ、規制志向から参加志向へ、という三つの側面から、ＥＣ環境法によって要請されつつあるドイツ環境行政法の構造転換の方向を概観してきた。そして、こうした構造転換の影響は、単に環境行政法の範囲に留まらなくなりつつある。すなわち、環境行政法の分野は、いまやドイツ行政法学の主戦場ともいうべき位置を占めつつあり、この分野をモデルあるいは引照領域として行政法学全体の再構成をはかろうとする議論が有力化しつつある。(65) 要するに、従来の規制的手法に片寄った行政法学の体系を再検討しようとする動きである。こうした動きを重視する場合には、これまで見てきたようなドイツ環境行政法の変容は、ＥＣ法という外在的な要因の影響であるとともに[66]、ドイツ行政法全体の自律的な展開の反映であるとも評価できることとなる。

いずれにしても、ドイツの環境行政法は、大きな曲がり角を迎えているといえる。もちろん、ＥＣ環境法の示す新しい方向がドイツ国内において無条件で歓迎されているわけではない[67]。現実にも、たとえば、ドイツの環境法から一定の排出基準に基づく行政機関による規制権限行使による環境保護という手法が一掃されるなどという事態は、もちろん生じえないわけであるし[68]、そうしたことをＥＣ法が要求しているわけでもない。結局のところは、従来のドイツ法的な手法と新たなＥＣ法的な手法との適切な調和点を見出し、これを包含する新たな環境法体系を構築することにしか解決の途は存在しないこととなる。

そうした観点から、その制定に向けた準備が進められている連邦の「環境法典[69]」の内容が注目されるところである。この法典は、一般的な環境保護の手法を整理した総則部分、自然保護、イムミシオン防止、廃棄物管理といった分野毎の環境法をまとめた各則部分の二部からなる。この中で、統合的環境規制指令、改正環境影響評価指令、野生動植物生息地保護指令、計画環境影響評価指令（案）といったＥＣ指令について、懸案の国内法化を実現するほか、環境情報公開などの既存の制度についても、網羅的かつ体系的に法典化しようという壮大な構想である。たとえば、施設の設置許可などについても、統合的な許可手続に整理されることが予定されている。なお、準備作業の途上であり、実際の法律化には相当の期間を要するであろうし、その内容についても曲折が予想されるが、ＥＣ環境法の新しい動きを正面から受け止める対応として、注目に値するであろう。

(2)　逆にいえば、これまで見てきたドイツをはじめとする加盟国それぞれが自国とＥＣの制度との調和点を見出すことに成功するか否かに、ＥＣ環境法における「執行の欠缺」の克服の成否がかかっており、さらには、その今後の発展の可能性もかかってくることとなるのである。そして、その実現のためには、ＥＣ法の国内法化と執行に向けた加盟国の側の努力もさることながら、ＥＣの側でも、これを可能にするような内容の法体系を構築することに努めることが要請されることともなる。[70]

すなわち、たとえば、ＥＣ環境法全体の体系性あるいは整合性を確保し、その相互間の矛盾抵触や不明確性を除去することが必要であろう。あるいは、いわゆる「補充性の原則」を基礎として、環境政策の全体について、どこまでをＥＣが統一し、どこからを加盟国の自主性に委ねるかについての、基本的なルールを再検討することも重要であろう。さらに、加盟国の環境法制についての感度をさらに高める必要があることも指摘されている。こうした努力が豊かな実を結ぶこととなれば、ＥＣの環境法は、その地域を越えて、わが国などを含めた「グローバル・スタンダード」として発展していく芽となりうるであろうし、環境法において世界的な枠組を構築していくことの可能性を実証する場になっていくことともなろう。その意味では、ＥＣ環境法の側も、ひとつの正念場を迎えているといえるのであろうし、その動向は、わが国にとっても、地球の裏側の無縁の出来事ではないといわなければなるまい。

（1）　環境法の急速な変化について、たとえば、Steinberg, Probleme der Europäisierung des deutschen Umweltrechts, AöR 1995, S. 549 ff.

（2）　Steinberg, AöR 1995, S. 587 ff.

（3）　一九九三年一一月のマーストリヒト条約によって、従来の「ヨーロッパ共同体（ＥＣ）」は、「ヨーロッパ連合（ＥＵ）」に発展的解消をとげている。ただし、同時に、その傘下の従来の「ヨーロッパ経済共同体（ＥＥＣ）」が「ヨーロッパ共同体（ＥＣ）」を名のることとなった。環境法についても、従来のＥＣ法からＥＵ法に衣替えしたことになるが、その直接の担い手については、従来のEECからECに改称したこととなる。そこで、本稿では、混乱を避けるため、原則として、時期を問わずに、ECの呼称を用いることとする。この点について、山根裕子・新版EU／EC法五頁。

（4）EC環境法の展開については、多くの紹介があるが、近年のものとして、奥真美・ECの環境法制度と環境管理手法二頁。その全般的な紹介として、東京火災海上保険株式会社編・環境リスクと環境法（欧州・国際編）二六頁以下。さらに詳細なものとして、Epiney, Umweltrecht in der Europäischen Union (1997), S. 1 ff. なお、一九九七年一〇月には、アムステルダム条約による条約改正がなされているが、環境法については、その立法手続に一定の整理がなされた以外は、大きな枠組の変化はない。同条約の環境法への影響については、Schröder, Aktuelle Entwicklung im europäischen Umweltrecht, NuR 1998, S. 1 ff. とくに、それによる立法手続の改正については、奥・前掲注（4）二七頁。

（5）EC環境政策の発展の要因について、たとえば、Epiney, aaO. (Anm. 4), S. 10 ff.

（6）こうした傾向について、さきあたり、Di Fabio, Wege zur Materialisierung des europäischen Umweltrechts, in: Rengeling (Hrsg.), Integrierter und betrieblicher Umweltschutz (1996), S. 183 (184 ff.).

（7）環境法における「指令」と「規則」について、Epiney, aaO. (Anm. 4), S. 19 f.

（8）EC環境法への加盟国の従属傾向について、Demmke, Umweltpolitik im Europa der Verwaltung, Verw. 1994, S. 49 ff.

（9）ドイツ環境法については、多くの概説書などがあるが、近年のものとして、Bender/Sparwasser/Engel, Umweltrecht, 3. Aufl. (1995), S. 1 ff.; Breuer, Umweltrecht, in: Schmidt-Aßmann (Hrsg.), Besonders Verwaltungsrecht, 10. Aufl. (1995), S. 433 ff. わが国における全般的な紹介として、東京海上・前掲注（4）九八頁など。

（10）ECとドイツ環境法との関係については、個別問題に関するものも含めて、文字どおり無数の文献があるが、この問題を一般的に論ずる近年のものを例示すると，Pernice, Gestaltung und Vollzug des Umweltrechts im europäischen Binnenmarkt, NVwZ 1990, S. 414 ff. ; Breuer, Entwicklungen des europäischen Umweltrechts—Ziel, Wege und Irrwege (1993), S. 1 ff. ; ders. Zunehmende Vielgestaltigkeit der Instrumente im deutschen und europäischen Umweltrecht—Probleme der Stimmigkeit und des Zusammenwirkens, NVwZ 1997, S. 833 ff. ; Middeke, Nationaler Umweltschutz im Binnenmarkt (1994), S. 1 ff. ; Hennecke, Europäisches Umweltrecht in seinen Auswirkungen auf Rheinland-Pfalz, WiVerw. 1995, S. 80 ff. ; Hansmann, Schwierigkeiten bei der Umsetzung und Durchführung des europäischen Umweltrechts, NVwZ 1995, S. 320 ff. ; Steinberg, Zulassung von Industrieanlagen im deutschen und europäischen Recht, NVwZ 1995, S. 209 ff.; ders. AöR 1995, S. 549 ff. ; Lübbe-Wolff, Stande und Istrumente der Implementation des Umweltrechts in Deutschland, in : dies. (Hrsg.), Der Vollzug des europäischen Umweltrechts (1996), S. 77 ff.

(11) Steinberg, AöR 1995, S. 587. この点について，Epiney, aaO. (Anm. 4), S. 121 ff.

(12) Steinberg, AöR 1995, S. 588.

(13) 加盟国の環境法のＥＣ法に与える影響について，Roßnagel, Lernfähiges Europarecht-am Beispiel des europäischen Umweltrechts, NVwZ 1997, S. 122 ff.

(14) たとえば，統合的環境規制について，Steinberg, NVwZ 1995, S. 217 f.

(15) アメリカ法との比較において，こうした点を指摘する古典的な文献を挙げると，Scharpf, Die politischen Kosten des Rechtsstaats (1970), S. 53 ff. ; Schwarze, Der funktionele Zusammenhang von Verwaltungsverfahrensrecht und verwaltungsgerichtlichem Rechtsschutz (1974), S. 17 ff.

(16) 近年の行政手続法の改正については，本書第三章第二節。

(17) イムミシオン防止法による監督システムの全体像については，さしあたり，Bender/Sparwasser/Engel, aaO. (Anm. 9), S. 347 ff. ; Breuer, aaO. (Anm. 9), S. 527 ff.

(18) この点を指摘するものとして、とりわけ、Breuer, NVwZ 1997, S. 835 f.
(19) 許可手続などについては、山田洋・大規模施設設置手続の法構造一頁。
(20) 山田・前掲注（19）二六六頁。
(21) こうした点を指摘するものとして、Steinberg, NVwZ 1995, S. 215. 排出基準などを定める指令などの具体的内容については、Epiney, aaO. (Anm. 4), S. 219 ff. こうした指令の問題点について、Breuer, aaO. (Anm. 10), S. 32 ff.
(22) Di Fabio, aaO. (Anm. 6), S. 186 f.
(23) 未解明のリスクについて、さしあたり、Kindler, Umweltinformation im gesellschaftlichen Spannungsfeld, in : Hegele/Röger (Hrsg.), Umweltschutz durch Umweltinformation (1993), S. 63 ff.
(24) ＥＣの自然環境保護政策について、Epiney, aaO. (Anm. 4), S. 262 ff.
(25) ＥＣ環境法の手続志向については、Hansmann, NVwZ 1995, S. 322. ; Di Fabio, aaO. (Anm. 6), S. 186 f.; Breuer, NVwZ 1997, S. 837.
(26) Hennecke, WiVerw. 1995, S. 84.
(27) Breuer, aaO. (Anm. 10), S. 55 f.
(28) 環境影響評価における代替案評価については、山田前掲注（19）三三三頁。
(29) Richtlinie des Rates 85/337/EWG über die Umweltverträglichkeitsprüfung bei bestimmten öffentlichen und privaten Projekten v. 27. 6. 1985, ABl. Nr. L 175, S. 40 ff. この指令については、本書第三章第一節（一）を参照。ただし、この指令は、以下の指令により、大幅な改正を受けている。Richtlinie des Rates 97/11/EG zur Änderung der Richtlinie 85/337/EWG über die Umweltverträglichkeitsprüfung bei bestimmten öffentlichen und privaten Projekten v. 3. 3. 1997, ABl. Nr. L 73, S. 5 ff. この改正について、Becker, Überblick über die umfassende Änderung der Richtlinie über die Umweltverträglichkeitsprüfung, NVwZ 1997,

S. 1167 ff. 基本的な改正点は、スクリーニング制度の導入を含めた対象事業の拡大である。この指令については、わが国においても、多くの紹介があるが、比較的近年のものとして、一之瀬高博「ＥＣにおける環境影響評価制度」国際比較環境法センター編・世界の環境法二八五頁、同「ＥＵの環境影響評価制度」地球人間環境フォーラム編・世界の環境アセスメント一三四頁など。

なお、計画段階での環境影響評価についても、現在、指令の制定作業がなされつつある。Vorschlag der Kommission für eine Richtlinie des Rates über die Prüfung der Umweltauswirkungen bestimmter Pläne und Progremme v. 25. 3. 1997, ABl. 1997, Nr. C 129, S. 14 ff.

(30)　この点について、Breuer, aaO. (Anm. 10), S. 55 f. ; Di Fabio, aaO. (Anm. 6), S. 188 ff.

(31)　Gesetz über die Umweltverträglichkeitsprüfung v. 12. 2. 1990, BGBl. S. 1306 ff. 同法については、本書第三章第一節（一）のほか、近年の詳細な解説として、Hoppe (Hrsg.), Gesetz über die Umweltverträglichkeitsprüfung (1995), S. 1 ff. ; Erbguth/Schink, Gesetz über die Umweltverträglichkeitsprüfung, 2. Aufl. (1996), S. 1 ff. わが国における近年の紹介として、松村弓彦「ドイツの環境影響評価制度」地球人間環境フォーラム編・前掲注（29）二七四頁など。

(32)　Richtlinie des Rates 96/61/EG über die integrierte Vermeidung und Verminderung der Umweltverschmutzung v. 24. 9. 1996, ABl. 1996, Nr. L 257, S. 26 ff. この指令については、本書第三章第二節において、その制定作業中途の段階において簡単な紹介をしているが、その制定後の解説として、Becker, Einführung in Inhalt, Bedeutung und Probleme der Umsetzung der Richtlinie 96/61/EG des Rates der Europäischen Union v. 24. 9. 1996 über die integrierte Vermeidung und Verminderung der Umweltverschmutzung, DVBl. 1997, S. 588 ff. ; Dolde, EG-Richtlinie über die integrierte Vermeidung und Verminderung der Umweltverschmutzung (IVU-Richtlinie)—Auswirkungen auf das deutsche Umweltrecht, NVwZ 1997, S. 313 ff. ; Zöttl, Die EG-Richtlinie über die integrierte Vermeidung und Verminderung der Umweltverschmutzung, NuR

1997, S. 157 ff.; Steinberg/Koepfer, IVU-Richtlinie und Immitionschutzrechtliche Genehmigung, DVBl. 1997, S. 943 ff.; Di Fabio, Integratieves Umweltrecht, NVwZ 1998, S. 329 ff.; Masing, Kritik des integrierten Umweltschutzes, DVBl. 1998, S. 549 ff.

(33) この点についての、もっとも詳細な論文として、Appel, Emissionsbegrenzung und Umweltqualität, DVBl. 1995, S. 399 ff. また、Di Fabio, aaO. (Anm. 6), S. 187 ff.

(34) この指令の手続志向について、たとえば、Steinberg, NVwZ 1995, S. 217 f.

(35) 環境影響評価の瑕疵の裁判上の効果について、Schmidt-Preuß, Der verfahrensrechtliche Charakter der Umweltverträglichkeitsprüfung, DVBl. 1995, S. 485 (494 f.).; Steinberg, Chancen zur Effektuierung der Umweltverträglichkeitsprüfung durch die Gerichte? DöV 1996, S. 221 ff.; Eckart, Die Umweltverträglichkeitsprüfung in der gerichtlichen Praxis, NVwZ 1997, S. 422 ff.; Erbguth, Das Bundesverwaltungsgericht und die Umweltverträglichkeitsprüfung, NuR 1997, S. 261 ff.; Murswiek, Anmerkung, JuS 1997, S. 181 f.

(36) 本書第三章第二節（二）など。

(37) BVerwG, Urt. v. 25. 1. 1996, NVwZ 1996, S. 788 (789 ff.).; v. 21. 3. 1996, NuR 1996, S. 589 (590 f.).

(38) こうした判例の傾向について、多くの論者は批判的であるが、とりわけ、Erbguth, NuR 1997, S. 266 f.

(39) 本書第三章第二節。さらに、山田・前掲注（19）三四四頁。

(40) この点について、とりわけ、Steinberg, NVwZ 1995, S. 209 ff.

(41) Breuer, NVwZ 1997, S. 836.; Di Fabio, aaO. (Anm. 6), S. 188 f.; Masing, DVBl. 1998, S. 553 f.

(42) 本書第三章第一節。

(43) ＥＣ環境法の統合志向について、Masing, DVBl. 1998, S. 549 f.; Krämer, Der Richtlinienvorschlag über die integrierte Vermeidung und Verminderung der Umweltverschmutzung, in: Rengeling (Hrsg.), Integrierter und betrieblicher Umweltschutz (1996), S. 51 ff.

(44)　統合的環境保護の基本的考え方について、さしあたり、Di Fabio, NVwZ 1998, S. 330 f.

(45)　これが英米法の所産であることについて、Masing, DVBl. 1998, S. 552 f.

(46)　Verordnung (EWG) Nr. 1836/93 v. 29. 6. 1993 über die freiwillige Beteiligung gewerblicher Unternehmen an einem Gemeinschaftssystem für das Umweltmanagement und die Umweltbetriebsprüfung, ABl. Nr. L 168, S. 1 ff. これについての、近年の紹介として、奥・前掲注（4）四七頁、高橋信隆「環境監査の構造と理論的課題（上）（下）」立教法学四八号一号、四九号五三頁。

(47)　Richtlinie 92/43/EWG des Rates v. 21. 5. 1992 zur Erhaltung der natürlichen Lebensräume sowie der wildlebenden Tiere und Pflanzen, ABl. Nr. L 206, S. 7 ff. この指令は、加盟国の登録に基づいて域内に統一的な野生動植物の特別保護地区のネットワークを形成しようとするものである。この地区内においては、プロジェクトについて、特別のアセスメントが義務付けられ、その実施が原則として禁止されるなど、特別の保護措置が命ぜられている。候補地の登録期限は二年とされているが、自然保護地域の設定が州政府の権限とされていることなどもあって、ドイツは、未だに登録を実施しておらず、指令違反の状況が生じている。そのため、近年では、この指令違反の疑いを理由として、指定の予想される地域を通過するアウトバーンの計画について執行停止決定がなされるといった事態となっている。BVerwG, Beschl. v. 21. 1. 1998, NVwZ 1998, S. 616 ff. この指令についても、多くの議論があるが、最近のものとして、Fisahn/Cremer, Ausweisungspflicht und Schutzregime nach Fauna-Flora-Habitat- und Vogelschutzrichtlinie, NuR 1997, S. 268 ff.

(48)　Di Fabio, aaO. (Anm. 6), S. 196 f.

(49)　こうした傾向を代表するものとして、Hoffmann-Riem, Von der Antragsbindung zum Optionenermessen, DVBl. 1994, S. 605 ff.

(50)　環境法における手法の分類については、論者によって諸々のものがあるが、たとえば、Bender/Sparwasser/Engel, aaO. (Anm. 9), S. 35 ff.; Breuer, aaO. (Anm. 9), S. 467 ff. わが国における紹介として、勢一智子

「ドイツ環境行政手法の分析」法政研究六二巻三＝四号六二頁。「規制的手法」という語も、さまざまなものの訳語として用いられうるし、その内容にも諸々の見解がありうるが、ここでは、比較的、狭い意味で用いている。

(51) Breuer, NVwZ 1997, S. 835 f.

(52) 一九九四年から「欧州環境庁（Umweltagentur）」が活動を開始したが、これは情報収集機関に過ぎない。この機関については、Epiney, aaO.（Anm. 4), S. 262 ff.

(53) ＥＣ環境法における「執行の欠缺」について、早期のものとして、Pernice, NVwZ 1990, S. 423 ff. そのほか、Demmke, Verw. 1994, S. 58 ff.; Hansmann, NVwZ 1995, S. 320ff.; Lübbe-Wolff, aaO.（Anm. 10), S. 77 ff.; Krämer, Defizite im Vollzug des EG-Umweltrechts und ihre Ursachen, in: Lübbe-Wolff (Hrsg.), Der Vollzug des europäischen Umweltrechts (1996), S. 7 ff.; Epiney, aaO.（Anm. 4), S. 134 f.

もっとも、環境法の現実の執行が滞りがちであることは、ドイツ自体の国内法についても、広く指摘されるところである。この点について、Bender/Sparwasser/Engel, aaO.（Anm. 9), S. 34 ff.

(54) ＥＣ条約一六九条により、委員会は、加盟国の条約違反に対して欧州裁判所に裁判を提起できる。手続は、まず、委員会が違反国に違反事実を示した書簡を送り、反論を求める。この段階で解決しない場合には、さらに、「理由を付した意見」を送り、期限を付して必要な措置を命ずる。この期間内に措置がなされない場合には、訴訟が提起されることとなる。やや古いが、一九九四年において、環境政策については、第一段階の書簡送付が四二件（そのうち二九件がドイツ宛）、つぎの理由付き意見送付が四六件、訴訟の提起が三件となっている。Epiney, aaO.（Anm. 4), S. 137 f.

(55) さしあたり、奥・前掲注（4）三二頁。

(56) Breuer, NVwZ 1997, S. 837.; Steinberg, AöR 1995, S. 562 ff.

(57) Richtlinie des Rates 90/313/EEG über den freien Zugang zu Informationen über die Umwelt v. 7. 6. 1990, ABl. Nr. L 158, S. 56 ff. この指令については、本書第一章第一節。

（58）　たとえば、Steinberg, AöR 1995, S. 562 ff.

（59）　Richtlinie des Rates 75/442/EWG zur Änderung der Richtlinie 75/442/EWG über Abfälle v. 18. 3. 1991, ABl. Nr. L 78, S. 32 ff. この指令については、本書第二章第一節および第二節。

（60）　以上の点について、本書第一章第一節。

（61）　Umweltinformationsgesetz v. 8. 7. 1994, BGBl. I 1994, S. 1490 ff. 正確には、この法律は、以下の法律の第一部として制定されている。Gesetz zur Umsetzung der Richtlinie 90/313/EWG des Rates v. 7. 6. 1990 über den freien Zugang zu Informationen über die Umwelt, v. 8. 7. 1994, BGBl. I 1994, S. 1490 ff. この法律について、本書第一章第一節。さらに、藤原静雄「ドイツ環境情報法」同・情報公開法制二三二頁。

（62）　本書第一章第二節。

（63）　本書第三章第三節。

（64）　ドイツ環境法における国家規制の緩和と自己規制の拡大の傾向については、たとえば、Ronellenfitsch, Selbstverantwortung und Deregulierung im Ordnungs- und Umweltrecht (1995), S. 26 ff.; Wagner, Effizienz des Ordnungsrechts für den Umweltschutz? NVwZ 1995, S. 1046 ff.; Schmidt-Preuß, Verwaltung und Verwaltungsrecht zwischen gesellschaftlicher Selbstregulierung und staatlicher Steuerung, VVDStRL 50 (1997), S. 160 (199 ff.).

（65）　代表的なものをあげると、Schmidt-Aßmann, Zur Reform des Allgemeinen Verwaltungsrechts—Reformbedarf und Reformansätze, in: Hoffmann-Riem/Schmidt-Aßmann/Schupert (Hrsg.), Reform des Allgemeinen Verwaltungsrechts (1997), S. 11 ff.; Hoffmann-Riem, Verwaltungsrechtsreform—Ansätze am Beispiel des Umweltschutzes, in: ebenda. S. 115 ff.; ders. Ökologische orientiertes Verwaltungsverfahrensrecht—Vorklärungen, AöR 1994, S. 590 ff.

（66）　ＥＣ法のドイツ行政法一般への影響についても、極めて多くの議論があるが、さしあたり Zuleeg/Rengeling,

Deutsches und europäisches Verwaltungsrecht—Wechselseitige Einwirkungen, VVDStRL 53 (1994), S. 154 ff.；Schmidt-Aßmann, Deutsches und europäisches Verwaltungsrecht, DVBl. 1993, S. 924 ff.；Schoch, Die Europäisierung des Allgemeinen Verwaltungsrechts, JZ 1995, S. 109 ff.

(67) たとえば、「統合的環境規制」についても、これを本来の意味で法的に貫徹することは不可能であるとするのが、現在のドイツにおける支配的見解と言えよう。Steinberg, NVwZ 1995, S. 217 f.；Breuer, NVwZ 1997, S. 839.；Di Fabio, NVwZ 1998, S. 337.；Masing, DVBl. 1998, S. 558 f.

(68) これを強調するものとして、Breuer, NVwZ 1997, S. 837 f.

(69) Bundesministerium für Umwelt, Naturschutz und Reaktorsicherheit (Hrsg.), Umweltgesetzbuch—UGB-KomE (1998), S. 1 ff.

(70) 加盟国による国内法化や執行の可能性について、ＥＣの側の考慮の必要性を強調するものとして、Breuer, aaO. (Anm. 10), S. 99 f.；Demmke, Verw. 1994, S. 61 ff.；Steinberg, AöR 1995, S, 592 f.

第一章　情報公開

第一節　ＥＣ環境情報公開指令とドイツ

一　はじめに

（１）　行政運営における「透明性」すなわち「行政上の意思決定について、その内容及び過程が国民にとって明らかであること」の向上は、疑いもなく、わが国の行政運営における緊急の課題といえる。その向上によって、行政活動に対する国民のコントロールを強化するとともに、国民との円滑な意思疎通による行政目的の効率的な実現の途を開くことが期待されているのである。[1]先に制定された行政手続法において、「公正の確保」とならんで、「透明性の向上」が目的として掲げられた所以である。

もっとも、この行政手続法の志向する「透明性」については、誰の目から見た透明性であるかが問題とされなければならない。すでに指摘されているように、制度の性格上、ここでの透明性は、少なくとも直接的には、国民一般に対するものではなく、手続の当事者に対する透明性であると考えざるをえないであろう。[2]とりわけ、今回の立法の対象から考えると、許認可等の申請者、不利益処分の相手方、行政指導の相手方の目から見た当該手続の透明性が問題とされていることとなる。反対に、これらの者以外の利害あるいは関心を有する第三者さらには国民一般の目から見た透明性は、今回の立法の直接の射程距離の外にあり、今後の情報公開法制の整備に待つべき課題といわざるをえない。

（2）　こうした問題は、とりわけ、環境行政の分野で顕在化することとなる。たとえば、このところ話題となることの多い廃棄物処理施設の設置についてみれば、(3) 今回の行政手続法の制定によって、申請者たる処理業者と許可行政庁（都道府県知事）との関係については、それなりに透明性の向上が期待できるであろう。しかし、周辺住民等の第三者については、せいぜい任意的に公聴会への参加が認められるのみで、こうした者の目から見た透明性が保障されているとは、到底、いいがたい。しかし、行政運営の透明性の機能から考えれば、前者に劣らず、後者に対する透明性の向上が重要であることは自明であろう。

もちろん、このような状況は、今回の立法において公共施設の設置等についての第三者の参加手続の法制化が先送りされたことにも由来している。(4) しかし、こうした参加手続の法制化が実現したとしても、たとえば廃棄物問題に関する市民一般の関心に鑑みれば、手続に参加する直接の利害関係者以外の者に対する情報の提供の問題は残る。また、正式手続の開始以前あるいは手続終了後（操業開始後）の各種の情報公開の問題など、行政手続法による透明性の向上には限界があるといわざるをえない。(5) むしろ、環境行政については、その利害や関心の広がりが極めて大きいこと、その行政目的の実現に住民の理解や意識の向上が不可欠であることなどから考えると、他の行政分野以上に、情報公開制度による行政運営の透明性の向上が期待される分野であるといえそうである。

（3）　これを裏づけるように、各地方公共団体においては、情報公開条例に基づく環境行政関連の情報公開請求が増えてきている。ある調査によると、とくに都道府県において、ゴルフ場、リゾート開発、産業廃棄物などに関する情報公開請求が目だっているという。(6) これにつれて、その開示の是非をめぐる争いも増加し、一例を挙げれば、ゴルフ場の事業計画について、「地域住民としては、本件開発事業によって生じる恐れのある開発地域やその周辺における自然環境や良好な生活環境の破壊からその生活を守るために、自然環境の保全および良好な生活環境の確保等と密接に結び付いた情報の開示を求める必要性が大きい」として、その非開示処分を取消す判決なども登場している。(7) 今後とも、条例に基づき、さまざまな環境情報の公開が請求されるものと予想される。

国のレベルにおいても、すでに、環境基本法二七条は、努力規定に留まるとはいえ、「環境の状況その他の環境の保全に関する必要な情報を適切に提供」すべきものとし、国の環境情報の公開の方向を示唆している。(8) 国の情報公開制度の法制化が日程にのぼりつつある現在、(9) とりわけ環境情報についても、その早期の実現が期待される。

（4）さて、環境情報の公開は、わが国のみならず、国際的な関心の対象であり、また趨勢でもある。とくに、近年のヨーロッパにおいては、環境行政における情報公開の重要性あるいは緊急性に着目して、一般的な情報公開制度に先行して、環境情報公開の制度化を進める動きが出てきている。すなわち、ヨーロッパ共同体（EC）は、(10) 一九九〇年六月七日、「環境情報への自由な接近に関する理事会指令」(11) を決議し、加盟各国に対して一九九二年末までに環境情報公開制度を法制化するよう命じた。これによって、加盟各国はその国内法化を義務付けられることとなったが、このうちドイツにおいては、長い議論の末、一九九四年七月八日、「環境情報公開法」(12) が公布され、ようやく国内法化が実現するに至った。これによって、従来は、行政手続内部での利害関係者への文書閲覧制度のみが存在し、市民一般に対する情報公開制度を有しなかったドイツも、環境情報に限定されるとはいえ、本格的な情報公開制度を持つこととなったのである。

しかし、国内法化が指令の期限を一年半も遅れたことからも想像されるとおり、ドイツにおける国内法化への途は、必ずしも平坦なものではなかった。当然のことながら、すべての関係者がそれを歓迎したわけでもなければ、それに積極的であったわけでもない。むしろ、妥協の産物として、指令の命ずる最小限の国内法化が実施されたと見るのが公平な評価といえそうである。

以下、本稿では、環境情報公開をめぐるヨーロッパ共同体とドイツの動きを概観し、そこでの議論を通して、環境情報公開に関する基本的な諸問題を明らかにしていくこととしたい[13]。さらには、これによって、環境情報公開の「国際相場」でもいうべきものを垣間見ることとなり、わが国の今後の立法化の一助ともなれば幸いである。

二　ＥＣ環境情報公開指令の背景と経緯

（**1**）　経済共同体として出発したＥＣは、当初、その環境政策に関する条約上の明文の根拠を有しなかった[14]。しかし、環境汚染が加盟国間の国境をたやすく越えてしまうという地理的条件から、ＥＣレベルでの統一した環境政策の実施の必要性は、早くから認識されてきた。さらに、加盟国の環境政策が一種の非関税障壁として機能しかねないこと[15]、環境対策費用が製品の価格にはねかえること[16]、などを考えると、環境政策の統一をはかることは、加盟各国間の平等な経済競争の一条件とも考えられる[17]。こうした現実の必要性から、ＥＣは、その条約上の根拠には議論があったものの、七〇年代初頭から、域内の環境政策の統一のために積極的に活動してきた。

すなわち、各国における環境問題への関心の高まりを反映して、一九七二年一〇月に開催されたＥＣ加盟国首脳会議は、環境保護をＥＣの政策目標の一つと位置付けることを宣言する。これをうけて、翌一九七三年一一月、理事会（Rat）によりＥＣの第一次環境行動計画[18]が発表され、「予防原則」「原因者負担原則」などの環境政策の基本方針が示されることとなった。この環境行動計画（理事会と加盟各国政策代表の共同決議が形式をとる）は、法的な拘束力を有するものではないが、ＥＣの環境政策の指針として、第二次計画（一九七七〜八一年）以降、五年毎に改定され、今日に至っている。(19)以後、この行動計画にそって、様々なＥＣの環境政策が打ち出されていくこととなる。

こうしたＥＣ環境政策の進展を背景として、一九八六年に採択された「単一欧州議定書」は、ＥＥＣ条約を改正し、はじめてＥＣの環境政策に条約上の明文の根拠を提供することとなった。(20)すなわち、同議定書二五条により挿入されたＥＥＣ条約一三〇ｒ条から一三〇ｔ条（第一六章「環境」）は、ＥＣの環境政策の目的を定めるとともに、そのためにとりうる措置を明らかにしている（さらに、同時に挿入された一〇〇ａ条も、域内市場統一のための施策の一環として、環境保護についての措置を認めている）。この改正により、ＥＣの環境政策は、一層、加速されることとなったのである。

周知のとおり、ＥＣの主たる立法形式には、「規則（Verordnung/regulation）」と「指令（Richtlinie/directive）」があり、前者が直接に加盟国の国内法として効力を有するのに対して、後者は、加盟国による国内法化のための立法措置を経て各国の国内法としての効力を獲得することとなる。(21)環境政策の分野においては、加盟国の環境法制との調整が不可欠であるため、本稿の対象たる「環境情報公開指令」を含めて、大部分が「ＥＣ指令」の形式で立法措置がなされてきた。(22)しかし、近年では、「環境監査」(23)や「廃棄物の越境移動規制」(24)などのように、「規則」の形式をとるものが現れてきた。さらには、後に触れるように、欧州裁判所の判例により、「指令」についても国内法としての直接適用の余地が認められつつある。こうした傾向もあって、たとえばドイツなど、加盟各国の環境法制は、ＥＣ法の影響により大きな変革を迫られるに至っている。(25)

（2）　一方、一般的な情報公開制度についても、EC加盟国をはじめとするヨーロッパ諸国は、かなりの伝統を有する。一九八〇年代半ばの段階で、加盟国のうち、フランス、オランダ、デンマーク、ルクセンブルク、ギリシャが一般的な情報公開制度の立法化に至っており、イタリアも一九八六年に環境情報に限った情報公開法を制定している。すでに、この時点で、情報公開制度を有しないドイツ（当時の西ドイツ）は、情報公開の「後進国」との汚名を免れないこととなっていたのである。(26)

ECのレベルにおいても、一九七九年二月さらには一九八一年一一月には、ヨーロッパ理事会（EC首脳会議）が加盟各国に対してアメリカの情報自由法にならった一般的な情報公開制度の創設を勧告している。(27)さらに、一九八五年と一九八七年には、欧州議会が加盟各国政府とEC自体の所持する文書の公開に関する決議を行っている。(28)なお、EC（EU）機関自体の文書の一般的な公開は、のちの一九九三年一二月になって制度化されるに至っている。(29)

（3）　以上のようなECにおける環境政策と情報公開政策の展開を背景として、一九八七年一〇月、ECの第四次環境行動計画（一九八七〜一九九二年）が決議される。この行動計画には、「環境行政機関が所持する情報への公衆の接近を改善する方法」を探り、環境情報公開法の必要性を調査すべきことが明言され、これがECにおける環境情報公開の制度化の直接の第一歩となったのである。(30)この時期に、ことさらに環境情報公開が注目されることとなった原因としては、以下の二点を指摘することができる。

第一は、いうまでもなく、各国における市民の環境情報に対する関心の高まりである。とりわけ、一九八六年のチェルノブイリ原子力発電所事故による放射能汚染やバーゼルの化学工場事故によるライン川の汚染は、国境をはるかに越えた深刻な環境破壊としてヨーロッパの各国民に大きな衝撃を与えた。こうした事故においては、汚染に関する情報の少なさが国民に大きな不安を与えた側面があり、各国政府の対応への不満とも相まって、国民の環境情報への関心が飛躍的に高まることとなったのである。[31]

第二は、ＥＣおよび各国政府による環境政策の進展に伴い、この頃から、逆に、その「執行の欠缺」が意識されはじめたことである。すなわち、環境保護のための法制度の整備は着実に進行してきたものの、様々な原因から、これが実際に執行されていないという現実が目だってきたのである。とりわけ、ＥＣの環境政策の多くは、先に述べたように「指令」という形式で立法化されるため、加盟国による国内法化が必要であり、さらに国内法化の後も、各国政府による執行に待たなければ政策実現は不可能である。そして、この頃から、ＥＣの環境政策が加盟国政府によって速やかに実施されないという現実が問題化してきたのである。もちろん、こうした問題の解決には、欧州裁判所の活用など、いくつもの方策が有りえるが、その最も手近な方策として、環境情報公開によって各国民に各国政府の環境政策の執行状況を監視させることが真剣に検討されることとなった。こうしたＥＣ（とりわけ委員会）の期待も、環境情報公開の制度化の大きな原動力となっていたのである。[32]

（４）　さて、前記の第四次環境行動計画を承けて、ＥＣ委員会（Kommission）は、翌一九八八年一一月、「環境情報への自由な接近に関する理事会指令[33]」案を提案することとなった。この指令案は、原則として、加盟国の行政機関の保有するすべての環境情報をすべての市民に公開することを基調とし、これを実現するための立法措置を各国に求めるものであった。その後、この指令案については、欧州議会[34]およびＥＣの経済社会委員会[35]の意見が求められ、両者とも基本的な賛意を表したものの、環境情報の範囲や例外的非公開の事由などについて、それぞれ修正を求めている。

この指令案についての加盟各国政府間の折衝は、かなり難航したといわれる。[36]欧州議会においても問題となった環境情報の範囲や例外的な非公開事由などのほか、公開請求に対する審査期間の限度（一か月か三か月か）、公開拒否決定に対する救済機関（司法救済に限るか、行政内部救済を認めるか）など、多くの点について各国の意見が激しく対立して、その合意には長期間を要することとなった。

とりわけ、ドイツ政府は、この指令案による決議には消極的であり、当初は、一定の環境記録の公開に留めることを主張するなど、終始、その対象の限定を主張し続けている。[37]また、この指令案についての意見を求められたドイツ連邦参議院においても、その関係諸委員会は、利害関係を問わずに文書の公開請求権を認めることはドイツの法体系に反するほか、企業や個人の秘密保持が脅かされるなど、指令案には問題が多いとして、その成立を妨げる努力を政府に求めるという決議を勧告している。[38]これを承けた参議院も、環境情報公開の重要性を認め、その基礎をこの指令案が提供するものであることは認めるものの、環境情報の範囲の制限などを求めることを決議している。[39]結局、ドイツ政府は、最終的な局面まで、指令についての合意に抵抗し続けることとなる。

（5）　一年以上にわたる加盟国間の折衝も、一九九〇年に入って、ようやく妥協の方向に向かう。同年三月、EC委員会は、欧州議会等の提案を踏まえた修正案を再提案し、[40]同月の理事会は、これにそって原則的な合意に至った。その後、細部の表現などについての調整を経て、同年六月七日、「環境情報への自由な接近に関する理事会指令」[41]（以下では、「環境情報公開指令」と呼ぶ）が理事会により正式に決定されたのである。

ちなみに、この指令の条約上の根拠は、[42]同指令自体が明言するところによれば、単一欧州議定書により挿入されたEEC条約一三〇s条である。すなわち、同条によれば、環境保護のために「理事会は、委員会の提案に基づき、ヨーロッパ議会と経済社会委員会との協議の後、全会一致で共同体のとる行動を決定する」とされていた（その後にマーストリヒト条約により改正）。[43]同指令の委員会案理由書の見解に従うと、環境情報公開は、一三〇r

条一項の掲げる環境保護の目的に合致し、この目的は個々の加盟国よりECによる対応によってより良く達成されると考えられるため（同条四項）[44]、一三〇s条に基づく立法が可能であるとされたわけである。

三　EC環境情報公開指令の内容

（1）　ECによる環境情報公開指令は、その経緯と理念を明らかにする前文と一〇条にわたる本文からなる。その細かい文言は、制定過程において相当に修正されているものの、基本的な仕組み自体は、当初の委員会案とさほど大きく変わってはいない。いずれにしろ、各国による国内法化を前提とする「指令」という性格上も、その内容は、必ずしも詳細なものではない。その結果、評価の仕方によっては、加盟国に広い裁量の余地が残されているともいえるし、逆に言えば、国内法化に際して疑義が生ずる余地が広いとも言える。以下、その内容を概観しておくこととしたい[45]。

まず、一条は、前文を承けた目的規定であり、官庁の所持する環境情報への自由な接近とその公表を保障し、その基本的な要件を定めることを目的とする旨を定めている。ここでは、市民の側からの開示請求の保障と行政側のイニシアティブによる提供が併せて目的とされていることに注目しておきたい[46]。

（2）　二条は、定義規定であり、a号で「環境情報」について、また、b号において「官庁」についての定義が示される。この規定は、本指令による情報公開の射程距離を定める規定であり、きわめて重要な意味を持つ規定である。それだけに、多くの問題をはらんだ規定でもある。

まず、「環境情報」の存在形式あるいは媒体であるが、「文書化されたもの」、「視覚によるもの」、「聴覚によるもの」、「データベースによるもの」の四種類が列挙されている。[47]おそらく、様々の新しい媒体を含めて、ほとんど全ての形式の情報が公開の対象となるのであろう。ただし、媒体が包括的であることから、後にみるように、公開の方式が問題となってくる。

つぎに、「環境」に関する情報だけが公開の対象となるが、これについては、①水、大気、土壌、動植物および自然的生活空間の状況に関する情報、②これらの状況を損う、または損う恐れのある活動や措置に関する情報、③これらを保護するための活動や措置に関する情報、の三種類に整理されている。この定義によると、結局は、水などの五種類の環境媒体に関する情報だけが公開の対象となるわけで、「自然的生活空間（natüliche Lebensräume）」の解釈にもよるが（自然景観や気候などが予定されていると思われる）、その対象は、かなり限定されたものとなる。[48]当初の委員会案の段階においては、危険物質の製造や使用などの人間の健康や動植物に危険を及ぼしうる活動一般に関する情報も公開の対象とされていたが、これには批判が多く、指令においては削除されている。[49]そもそも、いわゆる文化的環境に関する情報は、対象とされていない。[50]

公開の主体となる「官庁（Behörde）」（わが国の「実施機関」に相当する）については、同条b号が「国家または地方において環境保全を任務とし、これに関する情報を所持している行政部署」と定義している（司法及び立法活動をなす部署を除く）。当初の委員会案においては存在しなかった「環境保全を任務とする」官庁への限定がなされたため、後にみるように、これを「環境行政を主たる任務とする官庁」に限定する解釈を生む余地が生ずることとなった。[51]また、立法に関する情報が除外されているため、行政立法に関する情報の取扱いが問題となる。ちなみに、行政任務を委任された私的機関などは、委員会案においては、「官庁」に含まれることとされていたが、指令においては、その所持する情報を監督官庁において公開する方式も認められることとなった[52]（六条）。

（3）　さて、三条一項は、まさに指令の根幹をなす規定であり、「全ての自然人または法人が申請により利益と係わりなく環境情報を利用できること」を官庁の義務としている。委員会案においては、同様の内容が一般的な権利の保障という形で条文化されていた。しかし、指令においては、(例外の留保付きで)加盟国が官庁に課すべき義務という形で表現されており、そこに法的な意味の相違を認めるか否かはともかく(53)、いかにも後ろ向きの印象は免れない。

これを承けて、同条二項前後は、以下の七点に関係する情報を例外的に非公開と規定する。①官庁間の協議の秘密、国際関係および国防。②公共の安全。③裁判係属中あるいは捜査手続の対象である(または、そうであった)事件と「事前手続(Vorverfahren)」の対象となっている事件。④知的財産権を含む営業上の秘密。⑤個人情報の秘密。⑥法律上の義務なく第三者によって提出された資料。⑦公開により環境の一層の破壊が予想される情報。ただし、以上の非公開情報については、同項後段により、可能な限り、部分公開をなすべきこととされる。さらに、同条三項により、⑧未決済文書、未処理データ、内部通知などの交付に関するとき、⑨申請が明らかに濫用にあたるか、あまりに特定されていないとき、にも公開申請は拒否できるものとされる。

いうまでもなく、非公開情報をどのように定めるかは、情報公開制度の整備において、もっとも議論の伯仲するところであるし、反面、どのように定めても、その具体的な適用において疑義が残らざるを得ないのも事実である。この指令の制定過程においても、これについては相当の議論があり、その範囲は、かなり委員会案より広げられている(54)。すなわち、前記の⑥⑦および⑨の後段が新たに設けられ、③についても、裁判に限定されていたものが大幅に拡大されている。しかし、なお、国内法化や実際の適用に残された問題が多いのも否定できない。

（4）　さて、情報公開の申請に対しては、二か月以内に決定がなされなければならない(三条四項一文)。当初の委員会案においては、審理期間は一か月であったが、ドイツなどが三か月を主張し、妥協により二か月となった。[55]公開拒否決定には、理由が付記される（同二文）。拒否決定に対しては、各国の法秩序にそって司法救済「または」行政救済の途が開かれる（四条）。委員会案においては、司法救済「および」行政救済とされていたが、これも加盟国（とくにスペイン）の主張を入れて、両者間での選択を各国に認めることとなったのである。[56]

一方、公開の方法については、特段の規定はない。委員会案においては、明文で、文書については申請者の選択により無料の閲覧か有料の複写の交付によるものとされ、データベースについてはプリントアウトによるものとされていた（案四条）。これが削除されてしまったために、情報公開方法について、後にみるドイツの例のように、文書自体の開示によらず内容の説明で足りるとする解釈の余地が登場することとなる。[57]結局、指令においては、公開の費用を徴収できる旨の規定だけが残ることとなった（五条）。

（5）　この指令により、加盟国は、これまで見てきた申請に基づく環境情報の公開のほか、一般的な環境情報の公表を求められる（七条）。そして、加盟国は、一九九二年一二月三一日までに、この指令を実施するための立法措置をとり、これを委員会に報告することを義務付けられたのである（九条）。さらに、その四年後、加盟国の報告に基づいて、委員会が指令の見直しを行うこととなっている（八条）。

四　ドイツ環境情報公開法の成立

（1）　ドイツ法における行政情報の公開は、一般的な広報を除けば、伝統的に、具体的な事件に係わる行政手続における関係人に対する文書閲覧権の保障という形式でなされてきた。[58]行政手続法二九条による関係人の文書閲覧権[59]が典型であり、環境情報についても、たとえば、施設設置についての許可手続などにおける第三者の参加手続に付随する関係資料の閲覧（ただし、行政庁の裁量）といった制度によって、その公開がなされてきたのである。反対に、利害関係に係わりなく全ての市民に情報を公開するという狭義の「情報公開」の制度は、従来は、ほとんど存在しなかったといえる。学界においても、一部で、アメリカや北欧の制度を紹介する文献[60]が散見され、また、一般論として民主社会における情報公開の重要性を説くもの[61]なども見られたものの、こうした制度に対する関心が高かったとは、到底、いいがたい。

しかし、一九八〇年代半ばになると、前記のＥＣの動きの影響もあって、環境保護団体などを中心として、環境情報公開の重要性を強調し、その立法化を求める声が登場する。そして、一九八七年四月には、ハンブルク市政府が連邦参議院に「環境データの提供請求権に関する法律」[62]案を提出し、つづいて、同年一一月には、「緑の党」が連邦議会に「環境文書の開示請求権に関する法律」[63]案を提出するに至る。しかし、これらの法案は、世間に大きな反響を呼ぶこともなく、とくに連邦の立法管轄権の欠如などを理由とする与党の反対により、成立を阻まれることとなったのである。[64]

（２）　さて、一九九〇年六月のＥＣ環境情報公開指令の成立によって、加盟国たるドイツも、一九九二年末までに、その国内法化を迫られることとなった。しかし、ドイツ政府は、この指令の決議に最後まで消極的であり、最終局面で急速に各国間の妥協が成立に至ったという経緯もあって、この時点で、この指令に対応するための準備が整っていたとは考えにくい。しかも、この情報公開制度は、ドイツにとっては未知の新しい仕組みであり、その制度化についての国内の議論の蓄積にも乏しい。もちろん、その制度化に対しては、様々の行政機関や産業界による抵抗なども予想される。こうした状況を背景として、わずか二年半の期間内に、先にみたように極めて含みの多いＥＣ指令を国内法にまとめ上げることは、当初から、相当に困難であるとみられていた。[65]

実際には、指令の定める一九九二年末の段階では、ようやく連邦環境省の草案[66]が作成されていたに過ぎなかった。これを修正した政府案[67]が正式に議会の審議に付されたのは、翌年一一月であり、法律が成立したのは、さらに翌年の一九九四年六月であった。結局、ドイツにおけるＥＣ指令の国内法化には、期限を一年半も徒過し、四年を要することとなったのである。

（３）　そもそも、この指令を国内法化するために法律を制定する必要があることについては、ほぼ異論[68]がなかった。情報公開制度を有しないドイツにおいては、在来の制度の運用で対応することができないことは明らかである。また、行政立法による制度化については、指令の行政立法（とくに行政規則）による国内法化をＥＣ法違反とする欧州裁判所の判例[69]もあり、さらに、「法律の留保」の観点からも[70]、当初から、法律による国内法化が必要であるとされてきた。この場合の立法の方法についても、個別の環境諸法に挿入するのではなく、統一的な新法によることが合目的的であることにも異論[71]はない。要するに、当初から、「環境情報公開法」を制定することが志向されていたのである。

ただ、連邦と州との立法管轄権の分配の面から、問題が残る[72]。すなわち、ＥＣ指令は、国家と地方の両レベルでの環境情報公開を要求しているが、このうち、連邦の行政機関の有する環境情報の公開を連邦法で規律することには、何ら問題はない。しかし、ドイツにおける環境行政の多くは州によって実施されているわけで、これについての情報公開を連邦法で規律する基本法上の根拠が問題となるのである。そもそも、基本法上、連邦は、環境問題についての包括的な立法権限を有するわけではなく、とくに州の行政機関の行政手続については、州が立法権限を有することとされてきた。そこで、一部の州政府などから、参議院の審議などの場で、州の環境情報の公開に関する規律を原則として州の立法に委ねるべきことを求める意見が出されている。[73] 連邦レベルでの立法化の遅れも反映して、すでに州の環境情報公開法の案[74]を準備していた州も少なくない。

しかし、連邦政府は、水質保全や大気汚染防止（七四条二四号）、動植物の保護（同条二〇号）、自然保護（七五条三号）など、基本法の個別の立法管轄の規定が総体として統一的な環境情報公開についての連邦の立法権限を根拠づけるとする。[75] 結局は、これに参議院も同意し、連邦の環境情報公開法が州の環境行政にも全面的に適用されることとなったわけである。

（４）　さて、一九九二年に出された環境省による草案は、とくに実際の運用に中心的役割を果たすこととなる各州政府との協議によって、かなりの修正を余儀なくされ、数次にわたる改定を経て、翌年一一月の最終的な政府案となる。この間の修正のほとんどは、公開の範囲を制限する方向のものであり、後に見る法律の問題点の多くは、実は、この段階の修正によって生じたものと言える。[76]

これに対し、政府案の提出に先立つ一九九三年九月、「緑の党」が独自の「環境情報公開法」案[77]を提出している。この案は、環境省案への対案としての性格が意識されており、環境情報の範囲、官庁の範囲など、いくつかの点で環境省案を越える内容を持つものであった。この法案は、政府案とともに、連邦議会の審議に付されることとなる。また、これらの法案の審議過程において社会民主党により提出された政府案に対する修正案[78]は、基本的には当初の環境省案に近いものと言える。結局、緑の党案および社会民主党修正案は、いずれも与党の反対で否決され、政府案が多少の修正を経て可決されることとなったのである。[79]

（５）　この間、こうした国内法化の遅れによって、ＥＣ指令の直接適用の問題が現実化してくる。すなわち、たびたび触れたように、もう一つの立法形態である「規則（Verordnung）」が加盟国の国内法として直接の効力を認められているのに対して、「指令（Richtlinie）」は、これを実現するための各国の立法措置を通じて国内法化されるのが原則である（ＥＥＣ条約一八九条）。しかし、近年の欧州裁判所の判例[80]によれば、指令が（指令自身が定める）期限内に国内法化されなかった場合、その指令（全体または個々の条文）が内容的に無条件（unbedingt）で十分に詳細（genau）であれば、指令も国内法として直接適用されるとする。いいかえれば、指令も、国内法化に際しての加盟国の裁量の余地が無く、裁判所等による直接適用になじむだけの明確性をもっている場合には、その国内法化の期限徒過とともに、国内法として直接適用されると解されているのである。

環境情報公開指令についても、ドイツ国内では、当初から、期限内の国内法化が絶望視されていたこともあって、早くから、その直接適用の可能性が検討され、あるいは憂慮されてきた[81]。その結果、期限切れを控えた九二年一二月二三日、連邦環境大臣が各州環境大臣に対して、その基本的な部分は直接適用されるとの趣旨の通達[82]を発している。さらに、期限切れとともに、各地で指令の直接適用による環境情報公開を求める訴訟が提起されることとなった。そして、指令の直接適用について、情報公開の具体的方法について加盟国の裁量の余地を残しているとして否定的に解する下級審判決[83]が登場する一方、最低限の公開は明確に義務付けられているとして直接適用を肯定する判決[84]も現れ、その行方が注目されることとなった。

もっとも、この指令の直接適用の問題は、遅ればせながら国内法化がなされたことにより、一応、解消されたこととなる。しかし、以下にみるように、今回のドイツの環境情報公開法については、いろいろな点でＥＣ指令を正しく国内法化していないとする議論が有力であり、こうした立場からは、その限りで指令の直接適用の余地は残る。したがって、この問題は、なお再燃する火種を残しているとも言えるであろう。

五　環境情報公開法の内容

（１）　環境情報公開法[85]は、正式には、「環境情報への自由な接近に関する理事会指令の国内法化に関する法律[86]」の第一部として成立した。ちなみに、その第二部は、環境情報公開法との整合化のための「営業法」の改正であり、第三部は、その公布翌日からの施行を定める。環境情報公開法自体は、わずか一一条の短いものである。これは、主として、公開に関する決定を通常の行政行為として位置付け、行政手続法や行政裁判所法を適用することによって、これについての特別の組織あるいは手続規定などを設けていないことによる。

たとえば、ＥＣ指令は、公開拒否決定についての理由付記を命じているが、行政行為一般に理由付記を義務付ける行政手続法三九条が適用になるため、環境情報公開法には規定がない。そのほか、個人情報を公開する際の本人への告知などについても、関係人への行政行為の告知を定めた行政手続法四一条一項によるなど、公開決定の手続については、ほとんど行政手続法の規定によるとする方針で立法化がなされている[87]。また、ＥＣ指令が命じる拒否決定に対する権利保護についても[88]、特別の規定は設けられず、行政裁判所法による異議申立手続(Vorverfahren あるいは Widerspruchsverfahren) と訴訟（主として、義務付け訴訟）によることとされる。たとえば、立法過程で議論のあったイン・カメラ手続[89]の導入やオンブズマンの設置なども[90]、見送りとなっている。

また、第一条の目的規定は、ＥＣ指令の文言をほぼ踏襲して、環境情報についての市民からの「接近」と行政の側からの「公表」の両者を併せて掲げているが、実際の内容においては、前者に関する条文がほとんどで、後者の「公表」に関する条文はわずかである。唯一、一一条において、四年おきに環境状況について連邦政府の報告を公表すべきこと（初回は九四年末まで）が規定されているにすぎない。全体として、この法律は、ＥＣ指令に何らかの規定を付加することを極力避け、環境情報公開の要件のみを定めるシンプルな構成となっている。

（2）　さて、この法律の適用される主体は、連邦、州、ゲマインデとその連合、その他の公法人であり、私人についても、それが官庁の監督下で環境保護についての公法上の任務を遂行する場合は、適用される（二条）[91]。先に触れたとおり、連邦法たる本法を州に適用することに対しては、各州政府などから強い疑義が表明されており、その制定の最大の障害となっていたが、連邦参議院等を舞台とする折衝の結果、その適用を認めることで決着を見た[92]。

つぎに、こうした主体に属する官庁（Behörde）のうち、「環境保護を任務とするもの」だけが本法の適用をうける。ただし、①連邦や州の大臣等（oberste Behörde）が法律の制定や法規命令（Rechtsverordnung）の制定に係わる活動をする場合、②すべての者に適用される法規定（たとえば、私法規定など）により官庁が環境への配慮を義務付けられているに過ぎない場合、③裁判所、刑事訴追および懲戒官庁、については、本法は適用されない（三条一項）。これらの規定は、ＥＣ指令をやや拡大解釈する方向での条文化がなされており、次節で見るように、立法過程においても強い批判があった。また、解釈上も、多くの議論の余地が残されている[93]。

「環境情報」の範囲については、ＥＣ指令の文言がほぼ踏襲されている。①水、大気、土壌、動植物、自然的生活空間の状況、②それらの状況に影響を与えうる活動や措置、③これらの環境を保護するための活動や措置、についての、文書、図画その他すべての情報媒体によるデータが公開の対象となる（三条二項）。

さて、こうした環境情報について、「何人（jeder）[94]」も自由に接近する「権利（Anspruch）」を有するとするのが、まさに本法の眼目である（四条一項一文）。ＥＣ指令は、この趣旨を加盟国の義務という形式で表現しているが、本法は、すべての者の権利として明確化している。ただし、公開の方法については、官庁が情報の提供、文書の閲覧、情報媒体の使用をさせることが「できる（können)」として、官庁の選択に委ねる規定となっており(同項二文)、問題を残している。

(**3**)　非公開情報に関する規定も、ほぼＥＣ指令に準拠したものとなっているが、公益の保護を理由とするもの(七条）と私的利益の保護を理由とするもの（八条）に整理されている。前者としては、①国際関係、国防、官庁間の協議に係わるもの、または公共の安全に重大な危険を生ぜしめる場合、②それに係わる裁判、刑事調査、行政手続途上のもの、③公開により環境が害されるか、その保護のための行政措置の効果が害される恐れがあるとき、④未決済文書、未処理データまたは内部的通知、⑤申請者がすでに情報を所持している場合など、申請が明らかに濫用である場合、⑥私人から法的義務なく提供された情報、の六点が挙げられている。また、後者としては、①個人情報が公開され、それが保護に値する利益を害する場合[95]、②知的財産権の保護に反する場合、③企業秘密または営業秘密、が挙げられる。後者の情報を公開する場合には、関係者に対する事前の聴聞が必要とされる（八条二項)。さらに、公開の申請が十分に明確化されるべきことを求める規定（五条一項）も、実質的には、公開申請の拒否の根拠となるであろう。

この非公開情報の範囲、とくに企業秘密の保護[96]などについては、制定過程においても、かなりの議論があった。しかし、結局のところ、条文上は、ＥＣ指令から大きく異なった表現がとられていることもなく、制定過程での大きな文言の変更もみられない。個別具体的な事例の積み重ねによって解決されざるをえない問題と言えよう。

(**4**)　このほかの点でも、ＥＣ指令との大きな差異はみられない。申請の審査期間は、指令にそって二か月とされた（五条二項)。行政裁判所法七五条は、不作為訴訟（申請に応答がない場合の義務付け訴訟など）の出訴に要する期間を一般に三か月としているが、これは本法の影響をうけないとされる[97]。また、ＥＣ指令が公開の有料化を容認したのを承けて、本法に基づく職務執行については、それに要する費用に見合った手数料を徴収することとされる（一〇条）。具体的には、各州については州法、連邦によっては連邦政府による法規命令によって定められることになるが、制度の実用性と係わるだけに、どの範囲まで費用として徴収するかについて問題が多い[98]。

以上のように、本法は、もっぱらＥＣ指令の最小限の要請に応えることを基本方針として、出来る限り文言自体も指令を踏襲する方向で立法化がなされている。にもかかわらず、いくつかの規定については、指令の誤った解釈に立脚した国内法化であり、指令に違反しているという批判がある。とくに、一般に、ＥＣ法については、統合を促進する観点から、その原則規定を拡大的に解釈し、例外規定を縮小的に解釈すべきものとされており[99]、この要請からも、公開を抑制する方向の本法には問題が多いとされるのである。以下においては、すでに指摘した問題点のうち、立法過程などで特に批判の強かった若干について、整理しておくこととしたい。

六　若干の問題点

（**1**）　まず、公開請求の相手方となる官庁の範囲である。本法三条一項は、これを「環境保護の任務にあたる」官庁であるとする。ＥＣ指令二条ａ号も、これとほぼ類似の表現をとっている。政府案理由書[100]によると、これは環境保護を「主要任務（Hauptaufgabe）」とする官庁を意味し、たとえば、水法、廃棄物法、自然保護法、イムミシオン防止法、原子力法などの実施にあたる官庁をさすとされている。この解釈に従うと、たとえば、建築監督官庁（建築許可に際して、環境も配慮しなければならない）、道路建設官庁、警察官庁、計画官庁などの所持する情報は、それが環境情報であっても、公開請求の対象にならないこととなる。

もともと、当初の環境省草案の段階においては、「他の任務の遂行に際して法令により環境保護の利害に配慮すべき」官庁についても、本法は、適用されることとされていた。[101] しかし、これが政府案の作成段階で削除され、同旨の規定の復活を求める連邦議会審議における社会民主党の修正案も否決されたため、現行の規定に落着いたという経緯がある。[102] このように見れば、本法自体の立法者意思は、まさに政府案理由書の説明するとおりであると考えるしかない。

しかし、このような解釈に対しては、環境情報を一般的に公開するというEC指令の趣旨にそぐわないとする批判が圧倒的である。[103] これらの論者によると、ＥＣ指令は、いわゆる「環境官庁」だけでなく、その職務において環境保護に配慮すべきすべての官庁を請求の相手方とすることを予定しているとする。とりわけ、英語版等の条文からは、前記のような解釈を導くことは不可能であり、むしろ環境省草案の前提とする考え方のほうがＥＣ指令の趣旨を正確に反映しているとするわけである。その結果、本法についても、ＥＣ指令に適合するよう解釈すべきであり、環境保護を任務とするすべての官庁に適用すべきであるとする意見が大勢を占めている。おそらく、本法の解釈について、ドイツの裁判所が早期に判断を迫られる問題となろう。

（2）　実施官庁の範囲に関しては、さらに立法活動の主体としての連邦や州の大臣など（oberste Behörde）を除外したことの是非が問題とされる。[104] すなわち、本法三条一項一号によって、大臣などが法律の制定に係わったり法規命令（Rechtsverordnung）を発したりする場合には、本法の適用を除外しているのである。これは、環境情報公開の範囲を行政活動に限定するとの趣旨から、ＥＣ指令二条b号が「立法（Gesetzgebung）」を適用除外としたことを承けたものであるが、これを議会の立法活動のみならず、官庁の立法活動まで広げていることには、批判が強い[105]。

とりわけ、法規命令の制定を適用除外としたことに対しては、ＥＣ指令の文言上も、これに違反するのではないかという疑義が強く出されている[106]。さらに、環境行政における行政命令の機能の重大性とその制定過程の透明性確保の必要性という観点から、それに関する情報公開は環境情報公開の不可欠の要素であるとの主張もあり、こうした意味からも、これを除外することはＥＣ指令の目的に違反するとする主張も有力であって、これも注意すべき論点と言える。

(3)　さて、本法の最大の問題点の一つとして、情報公開の具体的方法の問題がある。先に触れたように、環境省草案[107]においては、これについて、文書自体の閲覧等の方法によるか、情報の提供（内容の説明）等の他の方法によるかを申請者の選択に委ねる趣旨の規定がおかれていた。それに対して、本法四条一項二文は、これを官庁側の裁量とする規定となっており、政府案理由書[108]も、その裁量性を明言している。

ＥＣ指令自体は、情報公開の方法に関する明文の規定はなく、加盟国に対して、情報公開を実際に可能ならしめるような法令の制定を命じているに過ぎない（三条一項二文）。もっとも、委員会案の段階では、情報公開の方法を申請者の選択に委ねる旨の明文規定があったが、理事会審議の段階で削除されている。これが削除された理由については、これを加盟国の自由として、官庁の裁量とする余地を与える趣旨であったのか、あるいは、文書自体の閲覧が原則であることを情報公開の世界的常識であるとして、これに関する明文を不必要と考えたのか、必ずしも明らかではない[109]。

ここでも、多くの論者は、文書自体の閲覧などにより市民が直接に情報に接する途を開くべきであるとして、本法がこれを官庁の裁量としたことを批判する[110]。ＥＣ指令の環境情報公開の目的の達成のためには、官庁の加工を受けないデータに市民が直接に接する途を開くことが不可欠であり、すでに情報公開制度を有する加盟国においても文書自体の閲覧等によるのが一般的であるとして、ＥＣ指令は、原則として文書閲覧等の権利を市民に認めていると解すべきであるとするのである。こうした説によれば、この点でも、本法はＥＣ指令に適合的に解釈し直さなければならないこととなる。

（４）　非公開情報の範囲については、多くの問題が残されているが、行政手続との関係についてのみ、ここで触れておく。すなわち、本法七条一項二号は、裁判手続や刑事捜査手続と並んで、「行政手続（verwaltungsbehördiches Verfahren）の途上の情報については、これを非公開とできることとしている。これは、ＥＣ指令三条二項が「事前手続（Vorverfahren）」の対象となっている事件に関する情報を除外したことを承けている。指令のいう「事前手続」は、行政裁判所法六八条にいう「事前手続」すなわち「異議申立手続（Widerspruchsverfahren）」のみに限定されるものではなく、より広範な行政手続を包含するものと解されてきた。[111] 本法は、これを「行政手続」と一般的に表現し、政府案理由書は、これを裁判に先行するすべての行政手続、いいかえれば、その結果が裁判の対象となりうる（行政行為等によって終了する）すべての行政手続と解している。しかし、このように解すると、市民の関心の高い各種の許可手続などの途上の情報が公開の対象から除外されることとなるため、これについても批判が強い。[112] 連邦議会審議における社会民主党修正案においても、その削除が主張されている。

学説の多くは、ここでも、ＥＣ指令の目的やその英語版の表現などを根拠として、ＥＣ指令にいう「事前手続」を裁判に先行する行政手続全般と解すべきではなく、それにそって本法も限定解釈すべきであるとする。[113] これには、文字どおり、「事前手続」すなわち「異議申立手続」に限定するもの、秩序違反手続など違法行為に関連する手続に限定するもの[114]、計画確定手続などの正式の手続に限定するもの[115]など、様々なものがある。ただし、行政手続途上の情報についても広く公開の対象とする立場をとった場合、これと行政手続法による文書閲覧制度の整合性をどのように確保するかという難問が生じることになる（たとえば、計画確定手続における関係人の文書閲覧は、官庁の裁量によることとされている）[116]。

七　むすび

（1）　以上、EC環境情報公開指令の制定とドイツにおける国内法化の経緯を振り返りながら、その内容と問題点を概観してきた。今回の環境情報公開法の制定によって、遅ればせながら、ドイツも本格的な情報公開制度の整備に向けて、その第一歩を踏み出したこととなる。ただ、その「第一歩」は、これまで見てきたように、必ずしも大きな歩幅ではなかったし、力強いものでもなかったと言うべきであろう。そもそも、その基本的なあり方についても、EC指令との適合性との絡みから、解釈が確定しているとは言えず、なお流動的な要素を多く残している[117]。

わが国の経験も示すように、情報公開制度については、その性格上、実際の運用に待たざるをえない部分が多い。条例の文言は大同小異であるにもかかわらず、地方公共団体の運用によって、公開される情報の範囲にかなり幅があることは周知のとおりである。ドイツの環境情報公開制度についても、この制度によって実際にどの程度の情報が公開されていくこととなるのかは、今後の運用にかかっている。かなり制限的な国内法化がなされたため、運用によっては、極めて狭い範囲の情報のみが公開されることともなりかねないものの、これが積極的に活用されれば、かなり広範な情報が公開されることも有りうる。実際の運用にあたる各州政府などの姿勢が問われることとなろう。

もちろん、今後の制度の運用の方向を最終的に決定するのは、国民の情報公開に対する意識である。従来は、これについての関心が薄かったドイツにおいても、少しずつ変化の兆しは見えつつある。何よりも、本法の成立自体が、国民の関心を呼び起こす一つの契機となろう。[118] 一例を挙げれば、旧東ドイツ地区の各州における州憲法の制定に際して、ザクセン州（三四条）[119]およびザクセン・アンハルト州（六条）[120]は、環境情報公開を国家目標として掲げ、ブランデンブルク州（二一条）[121]にいたっては、一般的な行政情報の公開を明文化している。連邦レベルでも、一九九三年九月、緑の党により、市民の行政情報の公開請求権を規定する基本法改正案[122]と一般的な情報公開法の制定を求める決議案[123]が連邦議会に提出されている。これは、与党の反対により否決されたものの、総じて野党（社会民主党と緑の党）は、この問題に積極的であり、今後の政治情勢によっては、これらの党が政権を握っている例が多い各州のレベルで、一般的な情報公開法の制定が具体的な日程にのぼることも十分に予想される。環境情報公開法の今後も含めて、ドイツにおける情報公開の行方が注目される。

（2）　翻って、わが国の状況を考えると、すでに多くの地方公共団体において一般的な行政情報公開を定めた条例が普及しており、難航していた国レベルでの情報公開法の制定も具体的日程にのぼりつつある。[124] この意味では、これまで紹介してきたＥＣあるいはドイツの現状は、極めて低次元の議論に終始しているとの印象を与えたかもしれない。しかし、このことから、短絡的に、たとえばドイツの行政について、わが国に比べて狭い範囲の情報しか公開されていないと断ずるのは早計であろう。いわんや、その透明性においてわが国に劣ると評価するものは、公平ではない。

本稿の冒頭において、行政手続法による利害関係者の参加は、行政運営の透明化のための十分な方策とはいえず、情報公開制度の整備による補完が必要であることを述べた。しかし、逆にいえば、情報公開制度のみが行政運営の透明化の手段ではないのであって、行政手続法の一層の充実、すなわち参加する関係者の範囲の拡大やそこで開示される情報の拡大などをはかることによって、行政運営の透明化を進めるという途も存在するわけである。この方向においては、わが国よりもドイツが遙かに先を走っていることは否定できない。[125] さらに、行政のイニシアティブによる情報の提供も、環境行政などを中心として、かなり積極的になされてきた。そして、これについての自負が、ドイツにおける情報公開制度への無関心さらには抵抗感の大きな原因となっていたという側面もある。

もし、行政手続や一般的な情報提供などを通じて、すでに多くの情報が公開されているとすると、環境情報公開法の成立により、市民の請求により公開される情報の範囲も、その条文上の表現に係わらず、かなり広範なものになると考えざるをえない。行政運営の透明度は、法律の文言の優劣ではなく、実際に公開される情報の量に依存するのである。その意味で、単なる条文の比較ではなく、どのような情報が実際に公開されているかの比較が今後の課題となろう。わが国が情報公開に関する「国際的相場」を満たしているか否かも、本来は、このような観点から評価されなければなるまい。情報公開についてまで、他国から不公正との非難を浴びることは、是非とも避けたいものである。

〔追記〕

本稿は、一九九五年一二月に比較法（東洋大学）三三号に同名で掲載したものである。ここで紹介したＥＣ環境情報公開指令とドイツ環境情報公開法については、最近、藤原静雄「ドイツ環境情報法――ドイツ行政法の伝統と変容」同・情報公開法制二二二頁、がまとめられ、その包括的かつ入念な分析がなされている。本稿で詳細には紹介できなかった問題やその掲載以降の動向などについては、この論文を参照されたい。とくに、最近では、環境情報公開法についてのドイツの判例なども、かなり登場しており、前記の論文にも紹介されている。一例のみを挙げると、本稿でも紹介した情報公開の方法、すなわち、文書自体の閲覧を要するか、情報内容の提供で足るか、という問題については、特段の理由がないかぎりは、申請者の要求する方法によるべきであるとする連邦行政裁判所判決がなされている。BVerwG, Urt. v. 6. 12. 1996, NuR 1997, S. 401 ff. この判決を含めて、判決の動向を知るのに便利なものとして、前記藤原論文のほか、Stollmann, Aktuelle Rechtsprechung zum Umweltinformationsrecht, NuR 1998, S. 78 ff.

(1)　行政手続法における行政運営の透明性の向上の仕組みについては、宇賀克也「透明な手続」同・行政手続法の理論一七頁。

(2)　さしあたり、塩野宏・行政法Ⅰ〔第二版〕二三七頁。さらに、この点を批判的に検討するものとして、紙野健二「現代行政と透明性について」法政論集（名古屋大学）一四九号六三頁。さらに、芝池義一「行政手続法の検討」公法研究五六号一五三頁（一五六頁）。

(3)　たとえば、東京都の日の出町においては、廃棄物広域処分組合のごみ処分場について、汚水漏れを憂慮する住民が地下水に関するデータの閲覧と謄写を求める仮処分を申し立て、東京高裁平成七年六月二六日決定、同九月一日決定・判時一五四一号一〇〇頁がこれを認めている。

(4)　今回の立法から公共施設の設置手続などが除外されたことにつき、宇賀克也「行政手続法制定後の課題」法学教室一八〇号一三頁。

(5)　行政手続と情報公開制度との関係、とくにその補完性については、多くの文献があるが、芝池義一「行政手続における文書開示――文書閲覧制度と情報公開――」法学論叢一三四巻一号一頁、宇賀克也「情報公開と行政手続法」

同・前掲書注（１）一三五頁など。

（６）「情報公開制度に関するアンケート調査」の分析」川崎市情報公開制度記念論文集・開かれた市政の実現を目指して四二五頁（五〇五頁掲載の設問六三表）。とくに、川崎市における環境問題に係わる情報公開請求の状況について、山室清「環境・まちづくりと情報公開」同書三三二頁。

（７）札幌地裁平成六年一〇月一三日判決判例地方自治一三三号一二頁。同様のゴルフ場建設関連の事件としては、それについての事前協議書類などを意思形成過程情報であるとして非開示とした決定を容認した判決として、徳島地裁平成五年七月一六日判決判例地方自治一二一号一九頁。この判決は、控訴が棄却され、最高裁平成六年一二月八日判決により確定している（訴訟情報・判例地方自治一三〇号一一七頁）。

（８）環境基本法については、北村喜宣「環境基本法・制定の意義と今後の課題」法学教室一六六号四七頁。

（９）国の情報公開法制定への動きについては、とりあえず、三宅弘「法制化の動きは今どこまで？」法学セミナー四八七号四六頁。

（10）周知のとおり、一九九三年一一月のマーストリヒト条約の発効により、ヨーロッパ連合（ＥＵ）が登場したため、以後、原則として、ＥＣ法もＥＵ法と呼ぶべきこととなる。ただし、新制度においては、ＥＵ傘下の一機構である従来の「ヨーロッパ経済共同体（ＥＥＣ）」が新たに「ヨーロッパ共同体（ＥＣ）」と名称変更した。本稿で取り扱うヨーロッパの動きは、主として一九九三年以前のものであるから、当時のＥＣの呼称を用いるべきことはもちろんである。さらに、環境政策は、従来のＥＥＣ、現在の（新）ＥＣの活動範囲に含まれる。そこで、本稿においては、やや正確を欠くが、煩を避けるために、時期を問わずＥＣの呼称を統一して使うこととした。もちろん、ドイツ語の略称であるＥＧではなく、一般的なＥＣによることとする。なお、ＥＣとＥＵの関係について、山根裕子・新版ＥＵ／ＥＣ法五頁。

（11）Richtlinie des Rates v. 7. 6. 1990 über den freien Zugang zu Informationen über die Umwelt (90/313/EWG), ABl. 1990 Nr. L 158, S. 56 ff.＝NVwZ 1990, S. 844 ff.

(12) Umweltinformationsgesetz v. 8. 7. 1994, BGBl. I 1994, S. 1490 ff.

(13) すでに、数年前のEC指令の発せられた段階で、山田洋「情報公開と救済——ドイツの現状と課題」市原先生古稀記念論文集・行政紛争処理の法理と課題一九七頁（本書第一章第二節）、において、異なった観点から、同一の素材を論じている。本稿にも、多少、これと重複する記述があることをご了承いただきたい。

(14) ECの環境政策の推移については、福田耕治「EC環境政策と環境影響評価の制度化」同・EC行政構造と政策過程三七四頁、同「環境政策の形成と展開」金丸輝雄編・EC欧州統合の現在一六七頁、同「環境政策」金丸輝雄・ECからEUへ欧州統合の現在一七九頁、山口光恒「ECの環境法」松下満雄編・EC経済法一九〇頁。

(15) たとえば、ドイツの包装廃棄物のデュアル・システムが外国製品の締め出しにつながるとして、問題となった例が有名である。これについては、山田敏之「市場経済によるゴミの抑制とリサイクル」外国の立法三一巻三号四五頁（五二頁）。

(16) いわゆる「環境ダンピング」については、加藤峰夫「環境ダンピングの規制」横浜国際経済法学三巻一号四三頁。

(17) 今回の環境情報公開指令の前文においても、情報公開制度の相違によって加盟各国の国民が異なった競争条件の下におかれている、との観点が強調されている。Richtlinie des Rates, ABl. 1990, Nr. L 158, S. 56.

(18) 1. Aktionsprogramms der EG für Umweltschutz (1973-1976), ABl. 1973 Nr. C 112, S. 1 ff.

(19) 2. Aktionsprogramms der EG für Umweltschutz (1977-1981), ABl. 1981 Nr. C 139, S. 1 ff. ただし、一九九二年にスタートした現在の第五次環境行動計画は、二〇〇〇年まで続く。この計画については、福田・前掲注（14）ECからEUへ一八四頁。

(20) 単一欧州議定書およびマーストリヒト条約における環境法の取扱いに関して、詳しくは、山口・前掲注（14）一九二頁。

(21) 「指令」と「規則」について、山根・前掲注（10）六五頁。さらに、その国内法としての効力については、同書一〇七頁。ただし、同書においては、訳語として、「指令」ではなく「命令」がとられている。この点について、また、大橋洋一「国際ルールの形成と国内公法の変容」公法研究五五号五二頁（五三頁）。

(22)　たとえば、加盟国に環境影響評価の法制度化を命じた指令として、Richtlinie des Rates v. 27. 6 1985 über die Umweltverträglichkeitsprüfung bei bestimmten öffentlichen und privaten Projekten (85/337/EWG), ABl. Nr. L 175, S. 40 ff.

(23)　Verordnung (EWG) Nr. 1836/93 v. 29. 6. 1933 über die freiwillige Beteiligung gewerbelicher Unternehmen an einem Gemeimschaftssystem für das Umweltmanagement und die Umweltbetriebsprüfung, ABl, Nr. L 168, S. 1 ff.

(24)　Verordnung (EWG) Nr. 259/93 des Rates v. 1. 2, 1993 zur Überwachtung und Kontrolle der Verbringung von Abfällen in der, in die und aus der EG, ABl. Nr. L 30, S. 1 ff.

(25)　ＥＣの環境政策のドイツへの影響については、Pernice, Gestaltung und Vollzug des Umweltrechts im europäischen Binnenmarkt, NVwZ 1990, S. 414 ff.

(26)　加盟国の情報公開の現状については、v. Schwanenflügel, Das Öffentlichkeitsprinzip des EG-Umweltrechts, DVB1. 1991, S. 93 ff. その他、各国の情報公開制度を比較するものとして、Winter, Zusammenfassender Bericht, in : ders. (Hrsg.), Öffentlichkeit von Umweltinformation (1990), S. 1 ff. ; Engel, Akteneinsicht und Recht auf Information über umweltbezogene Daten (1993), S. 132 ff.

(27)　Triaux, Zugangsrechte zu Umweltinformationen nach der EG-Richtlinie 90/313 und dem deutschen Verwaltungsrecht (1995), S. 98.

(28)　Triaux, aaO. (Anm 27), S. 99.

(29)　Verhaltenskodex v. 6. 12. 1993 für den Zugang der Öffentlichkeit zu Rats- und Kommissionsdokumenten (93/730/EG), ABl. Nr. L 340, S. 41 ff. その詳細な解説として、Fluck/Treuer, Umweltinformationsrecht

(1994), D III2 S. 13 ff.

(30) 4. Aktionsprogramms der EG für Umweltschutz (1987-1992), ABl. 1987, Nr. C 70, S. 7 ff. (16 f).

(31) たとえば、後に触れる一九八七年にドイツ連邦議会に提案された緑の党による環境情報公開法案の理由書は、このことを強調している。Entwurf eines Gesetzes über das Einsichtsrecht in Umweltakten, BT-Drucksache 11/1152, S. 1 (11 f.).

(32) ＥＣの環境法の「執行の欠缺」の問題と情報公開による対応については、Pernice, NVwZ 1990, S. 422 ff.; Demmke, Die EG-Informationsrichtlinie und die Vollzugsdefizite in der EG-Umweltpolitik, in: Hegele/Röger (Hrsg.), Umweltschutz durch Umweltinformation (1993), S. 33 ff.

(33) Vorschlag für eine Richtlinie des Rates über den freien Zugang zu Informationen über die Umwelt (von der Kommission vorgelegt), KOM (88) 484 endg.=ABl. Nr. C 335, S. 5 ff.=NVwZ 1989, S. 1038 f. この委員会を紹介するものとして、Gurlit, Europa auf dem Weg zur gläsernen Verwaltung? ZRP 1989, S. 253 ff; Schindel, Datenschutz contra Umweltschutz? ZRP 1990, S. 135 ff.

(34) Stellungnahme des Wirtschafts- und Sozialausschusses, ABl. 1989, Nr. C120, S. 231 ff.

(35) Stellungnahme des Europäisches Parlamentes, ABl. 1989, Nr. C 139, S. 47 ff.

(36) 加盟国間の折衝の経緯につき、Engel, aaO. (Anm. 26), S. 185 f.

(37) Meyer-Rutz, Die Umsetzung der EG-Richtlinie über den freien Zugang zu Informationen über die Umwelt in das deutsche Recht, in: Freier Zugang zu Umweltinformationen, UTR 22, (1933), S. 5(6); Engel, aaO. (Anm. 26), S. 185 f.

(38) Empfehlungen der Ausschusse zum Vorschlag für eine Richtlinie des Rates, BR-Drucksache 38/1/89, S. 1 ff.

(39) Beschluß des Bundesrates v. 21. 4. 1989, BR-Drucksache 38/89, S. 1 ff.

(40) Geänderter Vorschlag für eine Richtlinie des Rates über den freien Zugang zu Informationen über die Umwelt, KOM (90) 91 endg.=ABl. 1990, Nr. C 120, S. 6 ff.

(41) Richtlinie des Rates v. 7. 6. 1990 über den freien Zugang zu Informationen über die Umwelt (90/313/EWG), ABl. 1990, Nr. L 158 S. 56 ff.

(42) 環境情報公開指令の条約上の根拠につき、詳しくは、Triaux, aaO. (Anm. 27), S. 103 ff.

(43) マーストリヒト条約により、従来は理事会の全会一致を要した条約一三〇ｓ条一項による環境保護措置につき特定多数決（加盟各国に与えられた票数による多数決）による決定が可能になるなど、手続にかなりの改正がなされている。この点について、山口・前掲注（14）一九二頁。

(44) ＥＣにおいては、加盟国の主権の尊重の観点から、加盟国が個々に実施するよりもＥＣの手で実施したほうがより良く目的を達成できる場合にのみ活動することとされてきた。この原則を「補充性の原則（Subsidiaritätsprinzip)」と呼び、当時のＥＥＣ条約一〇三ｒ条四項は、その環境行政における表現であるとされてきた。ただし、この条文は、マーストリヒト条約により、ＥＣ（旧ＥＥＣ）条約三ｂ条二項に補充性原則の一般規定がおかれたため、同時に削除されている。なお、補充性原則は、ＥＵの成立に伴い挿入されたボン基本法二三条一項にも、ＥＵの基本原理として明文化されている。この原則を巡って、ＥＣと加盟国との権限の範囲が争われることとなる。この原則については、金丸輝男「補充性の原則」同編・ＥＣからＥＵへ欧州統合の現在二七七頁。この原則と環境情報公開指令との関係については、Triaux, aaO. (Anm. 27), S. 117 ff.

(45) この理事会指令の解説として、Kremer, Umweltschutz durch Umweltinformation, NVwZ 1990 S. 843 f.; Schröder, Auskunft und Zugang in bezug auf Umweltdaten als Rechtsproblem, NVwZ 1990, S. 905 ff.; Drescher, Die EG-Richtlinie über den freien Zugang zu Informationen über die Umwelt, VR 1991, S. 18 ff.; v. Schwanenflügel, DVBl. 1991, S.93 ff.; ders. Die Richtlinie über den freien Zugang zu Umweltinformationen als Chance für den Umweltschutz, DöV 1993, S. 95 ff.; Bieber, Informationsrichte Dritter im

Verwaltungsverfahren, DöV 1991, S. 857 ff.; Scherzberg, Der freie Zugang zu Informationen über die Umwelt, UPR 1992, S. 48 ff.; Blumenberg, Die Umwelt-Informations-Richtlinie der EG und ihre Umsetzung in das deutsche Recht, NuR 1992, S. 8 ff.; Engel, Der freie Zugang zu Umweltinformationen nach der Informationsrichtlinie der EG und der Schutz von Rechten Dritter, NVwZ 1992, S. 111 ff.; ders. aaO. (Anm. 26), S. 178 ff.; Wickrath, Bürgerbeteiligung im Recht der Raumordnung und Landesplanung (1992), S. 126 ff.; Erichsen, Das Recht auf freien Zugang zu Informationen über die Umwelt, NVwZ 1992, S. 409 ff.; ders. Der Zugang der Bürgers zu staatlichen Informationen, Jura 1993, S. 180 ff.; Erichsen/Scherzberg, Zur Umsetzung der Richtlinie des Rates über den freien Zugang zu Informationen über die Umwelt (1992), S. 1 ff.; Röger, Die europarechtlichen Vorgaben der Umweltinformationsrichtlinie, in: Hegele/Röger (Hrsg), Umweltschutz durch Umweltinformation (1993), S. 1 ff.; Triaux, aaO. (Anm. 27), S. 98 ff.

(46)　ただし、実際には、情報の提供に関する条文はほとんどない。この点につき、Erichsen/Scherzberg, aaO. (Anm. 45), S. 122 ff.

(47)　たとえば、Triaux, aaO. (Anm. 27), S. 130.

(48)　指令における「環境情報」の概念の狭さを批判するものとして、Triaux, aaO. (Anm. 27), S. 130 ff.

(49)　Triaux, aaO. (Anm. 27), S. 133 f.

(50)　Triaux, aaO. (Anm. 27), S. 134.

(51)　Engel, aaO. (Anm. 26), S. 199 ff.; Röger, aaO. (Anm. 45), S. 10 f.

(52)　Triaux, aaO. (Anm. 27), S. 140 ff.

(53)　四条により拒否決定に司法救済を与えなければならないことから考えると、少なくともドイツ法の論理からは、同指令による情報公開は、「権利」を与えるものと解さざるを得ないとするのが大勢である。この点を比較的詳しく論ずるものとして、Triaux, aaO. (Anm. 27), S. 127 ; Engel, aaO. (Anm. 26), S. 211 ff.

(54)　非公開情報全般につき、詳しくは、Triaux, aaO. (Anm. 27), S. 154 ff. ; Engel aaO. (Anm. 26), S. 220 ff.

(55)　Engel, aaO. (Anm. 26), S. 186.

(56)　Engel, aaO. (Anm. 26), S. 251 ff.

(57)　Triaux, aaO. (Anm. 27), S. 146 ff.

(58)　従来のドイツにおける行政情報公開の状況については、山田・前掲注（13）一九九頁。さらに、Triaux, aaO. (Anm. 27), S. 77 ff. ; Engel, aaO (Anm. 26), S. 11 ff.

(59)　ドイツの行政手続における文書閲覧制度については、各種行政手続法コンメンタールにおける二九条の解説のほか、比較的最近のものとしては、Schoenemann, Akteneinsicht und Persönlichkeitsschutz, DVBl. 1988, S. 520 ff. ; Gurlit, Die Verwaltungsöffentlichkeit im Umweltrecht (1989), S. 131 ff. ; Burmeister/Winter, Akteneinsich in der Bundesrepublik, in : Winter (Hrsg.), Öffentlichkeit von Umweltinfomation (1990), S. 87 ff. ; Mengel, Akteneinsicht in Verwaltungsverfahren, Verw. 1990, S. 377 ff. ; Hufen, Fehler im Verwaltungsverfahren, 2. Aufl. (1991), S. 163 ff. ; Bieber, DöV 1991, S. 857 ff.

(60)　いくつかの例を挙げれば、Scherer, Verwaltung und Öffentlichkeit (1978), S. 13 ff. ; Bull, Informationswesen und Datenschutz als Gegenstand von Verwaltungspolitik, in : ders. (Hrsg.), Verwaltungspolitik (1979), S. 119 ff. ; Schwan, Amtsgeheimnis oder Aktenöffentlichkeit? (1984), S. S. 90 ff. ; Rotta, Nachrichtensperre und Recht auf Information (1986), S. 117 ff. ちなみに、基本法は行政手続外での個人の公文書閲覧請求権を保障していないとするのが、確立した判例である。たとえば、BVerwG, Urt. v. 16. 9. 1980. BVerwGE 61, S. 15 ff. (22 f.) ; Beschl. v. 9. 10. 1985, NJW 1986, S. 1277 f. ; BVerfG, Beschl. v. 30. 1. 1986, NJW 1986. S. 1243.

(61) たとえば、Schröder, Staatstheoretische Aspekte einer Aktenöffentlichkeit im Verwaltungsbereich, Verw. 1971, S. 301 ff.

(62) Entwurf eines Gesetzes zur Auskunftsrecht über Umweltdaten, BR-Drucksache 172/87, S. 1 ff.

(63) Entwurf eines Gesetzes über das Einsichtsrecht in Umweltdaten, BT-Drucksache 11/1152, S. 1 ff. ただし、前年7月に、ほぼ同内容の法案が提出されており（BT-Drucksache 10/5884, S. 1 ff.）、正確には、これが最初の法案ということになる。しかし、会期末間際でもあり、ほとんど世間に知られないまま、廃案となっている。これらの法案の内容については、Gurlit. aaO. (Anm. 59), S. 255 ff.

(64) ハンブルク法案の連邦議会への送付を拒否し、今後の環境情報公開への努力を求める参議院決議として、Beschluß des Bundesrates v. 16. 10. 1987, BR-Drucksache 172/87, S. 1 ff. 緑の党案の連邦議会での否決につき、65. Sitzung v. 4. 3. 1988, Bundestag Stenographische Berichte 11. Wahlperiode, S. 4487 ff.

(65) Breuer, Eröffnung, in : Freier Zugang zu Umweltinformationen, UTR 22, (1993), S. 1(2). 一般に、ECの環境問題に関する指令を期限内に国内法化することは、その内容の不明確性などから、かなり困難であると言われている。このことにつき、Hansmann, Schwierigkeit bei der Umsetzung und Durchführung des europäischen Umweltrecht, NVwZ 1995, S. 320 ff.

(66) Referentenentwurf aus dem Bundesministrium für Umwelt, Naturschutz und Reaktorsicherheit (Stand: 2. 12. 1992), in : Freier Zugang zu Umweltinformationen, UTR 22 (1993), S. 95 ff. 環境省の草案は、一九九二年七月一三日に初めて発表されて以来、なんどか改訂されているが、以下、本稿においては、前記の一二月草案によっている。環境省草案をめぐるシンポジウムの記録として、Breuer, u. a. in : Freier Zugang zu Umweltinformationen, UTR 22. (1993), S. 1 ff. その解説として、Hegele, Der lange Weg der Umsetzung der Umweltinformationsrichtlinie in das deutsche Recht, in : Hegele/Röger (Hrsg.), Umweltschutz durch Umweltinformation (1993), S. 101 ff. ; Arzt, Entwurf eines Umweltinformationsgesetzes vorgelegt, ZRP 1993, S.

18 ff. さらに、この草案の基礎とされた鑑定書として、Erichsen/Scherzberg, aaO.（Anm. 45), S. 1 ff. 草案から政府の作成、さらには議会審議の詳しい経緯については、Röger, Umweltinformationsgesetz（1995), S. 20 ff.

(67) Entwurf eines Gesetzes zur Umsetzung der Richtlinie 90/313/EWG des Rates v. 7. 6. 1990 über den freien Zugang zu Informationen über die Umwelt, BT-Drucksache 12/7138, S. 1 ff.

(68) たとえば、Erichsen/Scherzberg, aaO.（Anm. 45), S. 13 ff.

(69) ＥＣ指令の命ずる大気汚染基準の設定をドイツが行政規則により実施したことを指令違反とする欧州裁判所の判例として、EuGH, Urt. v. 30. 5. 1991, DVBl. 1991, S. 869 ff. この点について、大橋・前掲注（21）公法研究五五号五五頁。

(70) Erichsen/Scherzberg, aaO.（Anm. 45), S. 15 ff.

(71) Erichsen/Scherzberg, aaO.（Anm. 45), S. 27 ff.

(72) この問題についても、多くの文献があるが、これに焦点を当てた論文として、Burkholz, Zur Gesetzgebungskonpetenz für ein Umweltinformationsgesetz, NVwZ 1994, S. 124 ff. その他、Erichsen/Scherzberg, aaO.（Anm. 45), S. 33 ff.; Triaux, aaO.（Anm. 27), S. 205 ff.

(73) Antrag des Landes Schleswig-Holstein, BR-Drucksache 797/2/93, S. 1f. 類似の意見は、政府案についての参議院の委員会勧告にも見える。Empfehlung der Ausschüsse, BR-Drucksache 797/1/93, S. 2. しかし、最終的な参議院の意見には、採択されていない。Stellungnahme des Bundesrates, BT-Drucksache 12/7138, S. 16 ff.

(74) たとえば、ヘッセン州の例として、Referentenentwurf aus dem Hessischen Ministerium für Umwelt, Energie und Bundesangelegenheiten（Stand : 8. 10. 1992), in : Freier Zugang zu Umweltinformationen, UTR 22（1993), S. 101 ff.

(75) Begründung, BT-Drucksache 12/7138, S. 8.

(76) 両案を比較検討するものとして，Erbguth/Stollmann, UPR 1994, S. 81 ff.

(77) Gesetzentwurf : Gesetz über den freien Zugang zu Informationen über die Umwelt, BT-Drucksache 12/5696, S. 1 ff.

(78) Änderungsantrags der Fraktion der SPD, BT-Drucksache 12/7583, S. 1 ff.

(79) 緑の党案と社会民主党修正案を否決し，政府案を一部修正可決することを勧告する連邦議会委員会の報告として，Beschlußempfehlung und Bericht des Ausschusses für Umwelt, Naturschutz und Reaktorsicherheit, BT-Drucksache 12/7582, S. 1 ff.

(80) 多くの判決があるが，近年のものとして，EuGH, Urt. v. 19. 11. 1991, NJW 1991, S. 165 ff. また，この理論は，ドイツ連邦憲法裁判所によっても承認されている。BVerfG, Beschl. v. 8. 4. 1987, BVerfGE 75, S. 223 (235 ff.). 詳しくは，Erichsen/Scherzberg, aaO. (Anm. 45), S. 129 ff.

(81) 学説は，その範囲について多少の留保をつけるものがあるものの，国内法としての直接適用をみとめるものが圧倒的であるといえる。Erichsen/Scherzberg, aaO. (Anm. 45), S. 129 ff. ; Triaux, aao. (Anm. 27), S. 212 ff. ; Engel, aaO. (Anm. 26), S. 276 ff. ; v. Schwanenflügel, DöV 1993, S. 102. ; Scherzberg, UPR 1992, S. 54 f. ; Blumenberg, NuR 1992, S. 10 ; Erichsen, NVwZ 1992, S. 417 f. ; Haller, Unmittelbare Rechtswirkung der EG-Umweltinformations-Richtlinie im nationale deutschen Recht, UPR 1994, S. 88 ff. ; Röger, Zur unmittelbaren Geltung der Umweltinformationsrichtlinie, NuR 1994, S.1 25 ff.

(82) Rundschreiben des Bundesministers für Umwelt, Naturschutz und Reaktorsicherheit zu unmittelbaren Wirkung der EG-Umweltinformationenrichtlinie, NVwZ 1993, S. 657f.

(83) VG Minden, Urt. v. 5. 3. 1993, UPR 1994, S. 118f.

(84) VG Stade, Urt. v. 21. 4. 1993, UPR 1993, S. 456 ff.

(85) Umweltinformationsgesetz v. 8. 7. 1994, BGBl. I 1994, S. 1490 ff. この法律の詳細な解説として，Fluck/

Theuer, Umweltinformationsrecht（1994）, Kommentierung A, S. 1 ff.; Röger. aaO.（Anm. 66）, S. 15 ff.; Schomerus/Schrader/Wegener, Umweltinformationsgesetz（1995）, S. 1 ff. その他、この法律の内容の紹介として、Scherzberg, Freedom of information——deutsche gewendet: Das neue Umweltinformationsgesetz, DVBl. 1994. S. 733 ff.; Triaux, Das neue Umweltinformationsgesetz, NJW 1994, S. 2319 ff.; Faber, Die Bedeutung des Umweltinformationsgesetzes für die Kommunalverwaltung, DVBl. 1995. S. 722 ff.

（86）Gesetz zur Umsetzung der Richtlinie 90/313/EWG des Rates v. 7. 6. 1990 über den freien Zugang zu Informationen über die Umwelt, v. 8. 7. 1994, BGBl. I 1994, S. 1490 ff.

（87）こうした趣旨を政府案の理由書自体も述べている。Begründung, BT-Drucksache 12/7138. S. 8.

（88）情報公開の拒否決定に対する権利保護の問題については、山田・前掲注（13）二〇五頁。さらに、Triaux, aaO.（Anm. 27）, S. 189 ff.

（89）イン・カメラ手続についての従来のドイツの議論については、山田・前掲注（13）二〇七頁。

（90）緑の党案においては、オンブズマン（Beauftragte）の設置が提案されている。Gesetzentwurf der Grunen, BT-Drucksache 12/5696, S. 14f.

（91）自治体の委託をうけた一般廃棄物処理業者などが想定されている。その具体的な範囲などについて、詳しくは、Fluck/Theuer, aaO.（Anm. 85）, Kommentierung A, §2, S. 3 ff.

（92）Begründung, BT-Drucksache 12/7138, S. 9 f.

（93）次節で取り上げる問題のほか、個別の解釈問題については、Fluck/Theuer, aaO.（Anm. 85）, Kommentierung A. §3, S. 8 ff.

（94）これには、国籍を問わず（ＥＣの内外も問わない）すべての自然人および法人が含まれる。もちろん、情報との利害関係の有無も問題としない。Begründung, BT-Drucksache 12/7138, S. 12.

（95）その具体的な意味については、Fluck/Theuer, aaO.（Anm. 85）, Kommentierung A, §8, S. 17 ff. ＥＣや

ドイツにおいては、個人情報保護が情報公開に先行しており、当然、ここでは両者の調整が問題となってくるが、ここでは立ち入らない。これについて、藤原静雄「国際化の中の個人情報保護法制」公法研究五五号六四頁。

(96)　とりわけ、Schröder, Die Brücksichtung der Interessen der Wirtschaft bei der Gestaltung und Umsetzung der Umweltinformationsrichtlinie der EG, ZHR 1991, S. 471 ff.; Eilers/Schröer, Der Schutz der betrieblichen Informationssphäre im Umweltinformationsgesetz, BB 1993, S. 1025 ff.; Knemeyer, Die Wahrung von Betriebs- und Geschäftsgeheimnissen bei behördlichen Umweltinformation, DB 1993, S. 721 ff.; Fluck, Der Schutz von Unternehmendaten im Umweltinformationsgesetz, NVwZ 1994, S. 1048 ff.

(97)　Fluck/Theuer, aaO.（Anm. 85), Kommentierung A, §5, S. 8f.

(98)　実際には、単なる申請の拒否について二〇〇〇マルクもの費用の徴収を認める州法が存在するなど、かなり問題が多い。少なくとも、単なるコピー代の徴収という発想ではなく、それに要する職務時間により費用を決めるのが基本である。これについては、Fluck/Theuer, aaO.（Anm. 85), Kommentierung A, §10, S. 4 ff.; Scherzberg, DVBl. 1994, S. 744 f.; Faber, DVBl. 1995, S. 728 f. さらに、本書第一章第三節。

(99)　このようなＥＣ法の解釈原則について、Erichsen/Scherzberg, aaO.（Anm. 45), S. 5f.; Triaux, aaO.（Anm. 27), S. 125 f.

(100)　Begründung, BT-Drucksache 12/7138, S. 11.

(101)　Referentenentwurf, aaO.（Anm. 66), S. 95.

(102)　Änderungsantrags, BT-Drucksache 12/7583, S. 1.

(103)　Erichsen/Scherzberg, aaO.（Anm. 45), S. 10f.; Triaux, aaO.（Anm. 27), S. 137 ff.; v. Schwanenflügel, DöV 1993, S. 100.; Erbguth/Stollmann, UPR 1994, S. 82 f.; Scherzberg, DVBl. 1994, S. 735.; Fluck/Theuer, aaO.（Anm. 85), Kommentierung A, §3, S. 17 f.; Röger, aao.（Anm. 66), S. 63 ff.; Schomerus u. a. aaO.（Anm. 85), S. 86 ff.; Faber, DVBl. 1995, S. 724.

(104) これについては、Erichsen/Martens (Hrsg.), Allgemeines Verwaltungsrecht, 10. Aufl. (1995), S. 722 ff.

(105) とくに、Triaux, aaO. (Anm. 27), S. 139f. 社会民主党修正案においても、その削除が要求されている。Änderungsantrags, BT-Drucksache 12/7583, S. 1.

(106) Arzt, ZRP 1993, S. 18 ; Erbguth/Stollmann, UPR 1994, S. 83 f. ; Scherzberg, DVBl. 1994. S. 735. ; Schomerus u. a. aaO. (Anm. 85), S. 90 ff. 政府案の立場を支持するものとして、Fluck/Theuer, aaO. (Anm. 85), Kommentierung A, §3, S. 24. ; Röger aaO. (Anm. 66), S. 68 ff. ただし、内部的な行政規則などが含まれていないことには、争いはない。

(107) Referentenentwurf, aaO. (Anm. 66), S. 96.

(108) Begründung, BT-Drucksache 12/7138, S. 12.

(109) Scherzberg, DVBl. 1994, S. 736 f.

(110) Erichsen/Scherzberg, aaO. (Anm. 45), S. 50 ff. ; Triaux, aaO. (Anm. 27), S. 146 ff. ; Bieber, DöV 1991, S. 863 ; Scherzberg, UPR 1992, S. 51f. ; ders. DVBl. 1994, S. 736 f. ; Blumenberg, NuR 1992, S. 13 ; Erichsen, NVwZ 1992, S. 411f. ; Hegele, aaO. (Anm. 66), S. 132 ff. ; Arzt, ZRP 1993, S. 19. ; Erbguth/Stollmann, UPR 1994, S. 86 f. ; Röger, aaO. (Anm. 66), S. 99 ff. ; Schomerus u. a. aaO. (Anm. 85), S. 133 ff.

(111) Begründung, BT-Drucksache 12/7138, S. 13. これを支持するものとして、Fluck/Theuer, aaO. (Anm. 85), Kommentierung A, §7, S. 17 ff.

(112) Änderungsantrags, BT-Drucksache 12/7583, S. 2.

(113) Engel, aaO. (Anm. 26), S. 226. ; Hegel, aaO. (Anm. 66), S. 120 f.

(114) Triaux, aaO. (Anm. 27), S, 163 ff. ; Röger, Zum Begriff des Vorverfahrens im Sinne der Umweltinformationsrichtlinie, UPR 1994, S. 216 ff. ; ders. aaO. (Anm. 66), S. 146 ff. ; Stollmann, Umweltinforma-

tion im Verwaltungsverfahren――zwischen europäischem Anspruch und deutscher Umsetzung, NVwZ 1995, S. 146 ff.; Faber, DVBl. 1955, S. 726 ff.; Schomerus u. a. aaO. (Anm. 85), S. 194 ff.

(115)　Scherzberg, DVBl. 1994. S. 738 f.

(116)　これについては、山田・前掲注（13）二〇六頁。

(117)　早晩、ＥＣ裁判所の場に争いが持ち出されることが予想されるとの指摘として、Schmidt, Neue höchstrichterliche Rechtsprechung zum Umweltrecht, JZ 1995, S. 545 (548). ちなみに、近年の例としては、国内法化の期限を一年半も徒過して制定されたドイツの環境影響評価法について、その期限ではなく法施行日以降の事業に適用するとしたことを指令違反とするＥＣ裁判所の判決が出されている。EuGH, Urt. v. 9. 8. 1994, NVwZ 1994, S. 1093 f.

(118)　環境情報公開の立法化を一般的な情報公開の法制化のきっかけとすることを志向するものとして、Bieber, DöV 1991, S. 857 ff.; Eifert, Umweltinformation als Regelungsinstrument, DöV 1995, S. 544 ff. もっとも、今回の立法によって、ドイツは、この点での大きなチャンスを逸したとする指摘として、Scherzberg, DVBl. 1994, S. 745.

(119)　Verfassung des Freistaates Sachsen v. 27. 5. 1992, GVBl. 1992, S. 243 ff.

(120)　Verfassung des Landes Sachsen-Anhalt v. 27. 5. 1992, GVBl. 1992, S. 600 ff.

(121)　Verfassung des Landes Brandenburg v. 22. 4. 1992, GVBl. 1992, S. 122 ff.

(122)　Entwurf eines Gesetzes zur Änderung des Grundgesetzes, BT-Drucksache 12/5695, S. 1 ff.

(123)　Antrag: Gesetzliche Regelung zur Einführung der Informationsfreiheit BT-Drucksache 12/5694, S. 1 ff.

(124)　これについての委員会報告として、Beschlußempfehlung und Bericht des Innenausschlusses, BT-Drucksache 12/7568, S. 1 ff.

(125) ドイツの環境情報公開の全体像については、簡単には、山田・前掲注(13)一九九頁。

第二節　情報公開と救済

一　はじめに

(1)　各地方公共団体における情報公開制度条例化の進展にともない、近年、その解釈上の諸問題も顕在化しつつある。とくに各条例所定の開示拒否事由の解釈をめぐっては、各地で開示拒否処分に対する取消訴訟が頻発し、これについての裁判例も散見される。ただ、この制度の登場から日が浅く、各条例間にも大小の相違のあることもあって、実施機関や裁判所によるその運用には、実体法的にも手続法的にも、なお多くの問題が残されている。さらに、周知のとおり、この制度は、アメリカに範をとるものだけに、従来のわが国の制度や理論と整合させることが難しく、このことも、その解釈適用の困難に拍車をかけているものと思われる。

すなわち、情報公開制度は、いうまでもなく、原則として全ての公文書について、その利害関係と係わりなく全ての市民に開示請求権を認めることによって、行政過程の透明化をはかり、これを市民の批判にさらすという発想から成り立っている。これに対し、従来のわが国の行政法理論、とくに行政手続論や行政訴訟論は、行政に対する市民の権利利益の保護救済の体系として構築されてきた。そのため、情報公開制度やそれに基づく公文書開示請求権を従来の理論体系の中に位置づけ、それをめぐる諸問題を従来の判断枠組により解決することが困難になっていると考えられよう。非開示決定の処分性をめぐる議論などは、一応の決着を見つつあるとはいえ、こうした困難を象徴する一例ともいえる。

反面、情報公開制度は、従来からの行政のあり方に変革を迫るものであり、極言すれば行政の本能に逆らうとすらいえる制度であるだけに、その実現を行政の「心構え」に委ねることはできず、その適正な実施を担保するための実効ある手続を用意することは不可欠であろう。行政側の消極的姿勢に由来する制度の空洞化に対する危惧についても、それが杞憂とばかりいえないことは、この制度の短い経験が示すところでもある。情報公開制度の手続法的な再検討が急がれる所以である。(1)

（2）　個人の権利保護を体系の根幹とする点では、ドイツ（従来の西ドイツ）の行政法学も同様であり、そこにおいても情報公開制度を位置付ける手がかりに乏しい。従来のドイツにおいては、公文書の開示は、もっぱら個人の具体的権利保護のための行政手続における関係人（当事者）の文書閲覧請求制度という形で発展しており、(2)利害関係と離れた一般的な公文書開示の制度を未だに持たない。そうした意味からは、この制度に関するかぎり、わが国のほうがドイツより先進的であるともいえる。もちろん、このことは、わが国に比べて、ドイツの現状が行政の透明度に劣るということを意味するものではない。アメリカ型の情報公開制度(3)だけが行政の透明度を確保する手段ではなく、ドイツにおいても前記の行政手続における文書閲覧や各種の行政による情報提供の制度によって相当程度の行政情報が公開されていると考えられる。むしろ、ドイツは、その国なりの方法、すなわち、個人の権利保護制度の延長線上で、行政の透明度を高める努力を継続してきたと見るべきなのであろう。

ところが、情勢は変化しつつある。一九九〇年六月七日、欧州共同体（ＥＣ）は、環境情報の公開に関する指令(Richtlinie)[4]を発し、加盟国に対し、原則として全ての環境情報について全ての市民に開示請求を認める制度の立法化を命ずるにいたった。さらに、開示の拒否に対しては、裁判所等による権利保護の途を開くことも要求されている。これによって、ドイツは、同指令の定める一九九二年末までに、環境情報に限られるとはいえ、アメリカ型の情報公開制度の導入を迫られることとなったわけである。

(3) こうした機会にドイツにおける情報公開制度の現状と課題を整理しておこうというのが本稿の目的である。とくに、情報公開制度と従来の権利保護手続との結合に議論の焦点を絞りたい。本稿は、流動的な情勢の下での一資料というにすぎないが、後日の補完を期すこととしたい。

二　現行法における情報公開

(1) 複雑化する現代行政に対する市民の権利保護やその民主的統制をはかる上で、行政情報の公開がその不可欠の前提であることについては、ドイツにおいても、公法学者[5]のみならず一般市民にとっても[6]、すでに常識となっているといってよい。また、現行制度上も、かなりの行政情報の提供、公文書の開示が法定されている。

たとえば、現代ドイツ行政の焦点ともいうべき環境行政に限ってみても、まず、環境に影響を及ぼす施設の設置等については、ほとんどの場合、計画確定手続やイムミシオン防止法等による許可手続が義務づけられている[7]。これらの手続においては、その開始に際して、事業者から行政機関に提出された事業の計画や資料が一般の閲覧に供される。その資料の範囲については、なお、争いのあるところであるが、実務上も、かなり広範な資料が公開されているといわれる[8]。つぎに、事業に対しては、極めて広範な付近住民等に異議申立ての機会が保障されているが、異議申立てをした関係人には、行政機関の裁量の余地が残るとはいえ、関係書類の閲覧が認められる。(9)また、その後の口頭審理や決定の理由付記などによっても、事業の内容についての情報提供がなされることになる。

さらに、先年に施行された環境影響評価法(10)によって、これらの手続における環境影響評価（Umweltverträglichkeitsprüfung）の実施とその結果の公表が義務づけられ、事業による環境に対する影響についての情報公開は、一層の進展を見ることとなっている。そのほか、行政手続の関係人には、文書閲覧以外にも一般的な情報提供（Auskunft）の請求が認められる。このように、具体的な事業による環境問題については、極めて広範な市民に対して情報開示の制度が用意されているといえる。(11)

（2）　このほか、建築法による計画策定手続や各種許可手続など、いずれにしても、行政活動に利害関係を有する者は、関係人として当該行政手続に参加することによって行政手続法二九条所定の文書開示請求権を行使できる。しかし、行政手続の関係人以外に公文書の開示請求を認めている立法例は限られている。環境関係の文書としては、わずかに、水の利用関係を記録した水管理法所定の「水台帳（Wasserbuch）」（とくに、工場排水の許可、監督に関する記録が問題となる）について、(12)一定範囲の関係者による閲覧が州法により認められており、近年、環境運動団体等によるその閲覧の可否が問題となっている。(13)類似の例としては、飲料水浄化法により飲料水への添加物の記録文書が閲覧に供されている程度と見られる。(14)

そのほか、文書の開示ではないが、化学製品法(15)などが、製品に対する行政機関による許認可関係の情報を市民に公表すべきことを定めているのも、広い意味では環境情報の公開の一形態ともいえる。こうした環境上の危険についての市民に対する行政機関による公表あるいは警告は、ドイツにおいても、法律上の義務や根拠の有無に係わらず、かなり頻繁に行われているようで、最近では、いわゆる「インフォーマルな行政活動」論の一環として注目を集め、むしろ、その限界やそれに対する救済が判例や学説の議論の対象となっている。[16]

さらに、環境情報を離れれば、やや一般的な行政情報の公開制度として、以前から各州プレス法にもとづく報道機関の情報提供請求の制度が知られており、[17]また、データ保護法にもとづく自己情報の開示制度も立法化されている。[18]ただ、前者は、請求権者が報道機関に限られること、公文書自体の開示を含まないこと、対象に限界があることなど、一般的な情報公開制度とは程遠い。また、後者が極めて限定された行政情報のみを対象としていることも、いうまでもない。

（3）　以上でみてきたように、ドイツにおける現行の行政情報の公開は、行政手続における関係人に対する文書開示請求権の付与が中心となっていると見ることができよう。そして、各種大規模施設の設置などの分野については、こうした制度によって、かなりの情報公開がなされていると評価できる。しかし、こうした分野においてさえ、現行規定の様々な不備はおくとしても、行政手続を前提とする制度に内在する多くの欠陥があることも否定できない。

まず、請求権者の人的範囲については、極めて広範囲の者が関係人となる（許可手続は無制限）現状から考えれば、あまり問題ないともいえる。しかし、関係人が関係人として文書開示請求権等を行使できるのは、あくまで行政手続の開始から終了までに過ぎない。[19]すなわち、正式の許可手続や計画確定手続の開始は、実は事実上の行政過程の最終局面に過ぎないわけであるが、[20]それ以前の公式あるいは非公式の検討、折衝などに関する文書は、その現実の重要性にもかかわらず、少なくともその時点では、閲覧の対象にはなりえない。また、手続が終了して施設が稼働した後の文書、たとえば、事故の報告や監督処分の記録なども、開示を求める術がないこととなろう。もちろん、施設の改善命令などの監督処分を求める請求権[21]が生じるような極端な場合を想定すれば、そこに新たな行政手続の開始を観念し、文書開示請求を認める余地もないではないが、これが例外的局面であることはいうまでもない。

こうした場合に限らず、問題となっている行政活動について行政手続が存在し、これに対する参加権が認められないかぎり、当該行政活動に関する文書の開示を市民が請求することはできない。環境行政においてすら、こうした手続参加権をいくら広げても、これを観念しにくい局面は、なお極めて多いと思われる。

（**4**）　さらに問題なのは、文書開示請求権が行政手続の内部に閉じ込められているために、この権利が行政手続における実体的権利防御のための補助的な手段あるいは副次的な権利として扱われがちなことである。この結果、少なくともドイツの現状では、この権利に対する保障が極めて薄弱である。まず、行政手続上の決定に対する独立の争訟を原則として禁ずる行政裁判所法四四ａ条により、文書閲覧が拒否されてもこれを独立に争うことはできない[22]。そこで、相手方としては、手続の結果としてなされる許可処分等に対する取消訴訟において、その違法事由として文書閲覧の瑕疵を争うべきこととなるが、これも容易ではない。行政手続法四六条[23]により、実体法上、別の内容の処分をなす余地がなかったと認められれば、こうした手続の瑕疵は処分の取消事由とはならないし、そうでなくとも、多くの場合、最終処分に対する訴訟の場においては、文書開示の瑕疵は、聴聞のあり方や衡量原則といった他の違法事由の主張の中に解消または埋没しがちとなる。

結局、現状では、関係人が違法に文書閲覧を拒否されたとしても、これに対する救済を訴訟の場で求める途は極めて狭く、この問題が正面から訴訟の俎上に上ることは少ない[24]。手続的権利の救済という意味からもこうした現状には批判があるが[25]、情報公開制度の一環としてこの制度を考えれば、閲覧請求権の裁判所による担保は不可欠であり、この点がドイツにおける情報公開制度の最大の欠陥の一つであったともいえよう。

三　ECの指令

（1）このような状況にもかかわらず、従来のドイツ（西ドイツ）においては、包括的な情報公開制度の立法化への動きは、鈍かったといわなければならない。もちろん、学説の中には、一般的に情報公開の理論的重要性を強調したり、アメリカやスウェーデンなどの制度を紹介して同制度のドイツへの導入を提唱するものも存在した。[26]しかし、こうした主張に対しては、学界内部においてすら、大きな反響があったとはいいがたい。もちろん、一般の関心も低く、具体的な立法化への動きは、ほとんど見いだすことができなかった。近年における状況の変化も、情報公開制度そのものに対する関心の高まりというよりは、環境行政への関心の一環と見るべきかもしれない。

すなわち、近年のドイツにおける環境問題に対する行政および一般の熱意については周知のとおりであるが、立法の分野でも、後にみる欧州共同体（EC）の動向とも相まって、さまざまな新しい制度が立法化されている。[27]こうした中で、深刻な環境汚染事故を契機として、[28]行政機関が環境汚染に関する情報を十分に住民に提供していないのではないかとの危惧が広まり、それにつれて、しだいに環境情報の公開の問題が意識されることとなった。これをうけて、一九八七年四月二四日、ハンブルク市政府が連邦参議院に「環境データの提供請求権（Auskunftsrecht）に関する法律」[29]案を提出したのが、おそらく初めての立法化への本格的動きといえよう。さらに、同年一一月一一日、「緑の党」が連邦議会に「環境文書の開示請求権（Einsichtsrecht）に関する法律」[30]案を提出することとなる。

ハンブルク案は、許可を要する施設や水利用による環境汚染の情報について、市民に情報提供請求権（文書開示請求権ではない）を与えるというもので、わずか一〇条の簡単なものである。これに対して、緑の党案は、環境行政に関する文書全般について市民一般の開示請求権を認めるもので、その要件や権利救済を含む手続についても詳細な規定を設け、その提案理由も周到なものになっている[31]。しかし、当然の事ながら、これらの法案に対する連邦政府や与党の対応は冷ややかであり、一般の注目を浴びたともいえないようである。前者は、同年一〇月六日、このような一般的な情報公開立法についての管轄権を連邦が有しないことを理由に、連邦議会への送付を否決され、これを機会に、環境情報の公開の重要性を強調するとともに、そのための政府の努力を求める参議院の決議がなされたに留まった[32]。後者については、与党連合による立法管轄の欠如や行政の負担増加等を理由とする反対、社会民主党の原則賛成の意見表明ののち、関係委員会に付託されたものの[33]、そのまま会期末を迎えることとなった。

（２）　一方、ＥＣにおいても、環境汚染がたやすく国境を越えてしまうという地理的条件から、統一的な環境規制の必要性が早くから意識され、その統一が各国産業の平等な競争の条件となることもあって、これについてのＥＣ理事会（Rat）による多くの「指令（Richtlinie）」が発せられてきた[34]。また、加盟国の中に既に情報公開制度を有する国も少なくないだけに[35]、同制度への関心も高く[36]、この両者が相まって、一九八七年一〇月の「環境保護に関するＥＣ行動計画[37]」においては、環境情報の公開の推進がうたわれることとなった。これを承けて、ＥＣ委員会（Kommission）は、翌年一一月、全ての市民に環境情報についての情報提供または文書開示請求権を認める「環境情報への自由な接近（Zugang）に関する理事会指令[38]」案を発表するに至った。

これに至る動きは、ドイツにおける前記二法案の議会提出などにも何らかの影響を与えているものと推測されるが、一般には、EC委員会案がドイツ国内で歓迎されたとはいいがたい。たとえば、同案への対応を協議した連邦参議院の関係諸委員会は、利害関係に係わらず文書開示請求権を認めることはドイツの法秩序の原則と一致しないなど、同案の内容には問題が多く、連邦政府は同案の成立を妨げるべく努力すべきである、という報告を提出しているほどである。(39) また、バーデン＝ヴュルテムベルク州政府も、類似の提案をなしている。(40) ただし、これらを承けた参議院自体の議決は、かなりニュアンスを異にし、情報公開の重要性を強調した上で、企業秘密や個人情報への配慮等を求める内容となっている。(41)

（3）　その後、同委員会案は、欧州議会等における審議を経て、一九九〇年六月七日、理事会指令(42)として正式に決議されることとなった。この間、かなりの修正がなされ、とくに最終の理事会の段階で文言が大幅に変化している。(43) しかし、原則として全ての環境情報について全ての市民に公開することを加盟国に求めるという基調に変化はない。

すなわち、水、大気、土壌、動植物などの状況、これに影響を与える諸活動やこれを保護するための諸措置に関する文書やデータベース等の情報を「環境情報」と定義し、加盟国の行政機関は、これを利害関係に係わりなく全ての個人、法人に提供すべきであるとする（ただし、文書開示請求と情報提供請求の区別が委員会案より不明確となっている）。非公開事由としては、行政機関相互の審議の秘密や外交防衛に関するもの、公共の安全に関するもの、争訟係属中のもの、営業秘密、個人の秘密、第三者が任意に提出した資料、その開示が環境を害する恐れのある情報、が挙げられている。さらに、未決済文書等についての請求、濫用の明らかな請求、余りに不特定な請求についても、行政機関は提供を拒否できる。請求の審議期間は、二か月とされ、拒否決定に対しては、争訟の機会も与えられるべきものとされる。最後に、これを実施するために必要な立法措置を一九九二年末までに加盟国がとるべきことも、明文化されているのである。

四　裁判手続への影響

（1）ＥＣ指令が正式に決議されたことにより、加盟各国のうち、ドイツをはじめとする情報公開制度を持たない諸国は、これに対応する速やかな立法措置を迫られることとなった。所定の期限を徒過した場合には、同指令の国内法としての直接適用すら問題となりかねないからである。[44]しかし、ドイツにおける立法化に際しては、なお、検討されるべき課題は少なくない。まず、なによりも、文書そのものの開示ではなく情報提供に留める制度の可能性が問題となりえようが、従来の経緯から考えれば、やはり無理があろう。[45]そのほか、開示拒否事由の内容など、多くの重要課題が残されているが、ここでは、裁判手続への影響に絞って、展望しておきたい。

さて、ＥＣ指令が開示拒否決定に対する訴訟の途を各国の制度にそって開くことを要求しているが、ドイツにおいては、どのような訴訟形式が考えられるであろうか。もちろん、従来の義務付け訴訟（もしくは給付訴訟）といった主観訴訟の枠内で処理することも可能であろうし、簡単でもある。[46]しかし、この制度の市民参加的性格から考えると、少なくともドイツの伝統的発想からすれば、これに関する訴訟を主観訴訟として処理することには、難があるかもしれない。たとえば、原子力法による許可手続などにおいては、全ての市民に異議申立てが認められてきたが、主観訴訟としての許可決定取消訴訟の要件としては、通常の権利毀損が要求されてきた。[47]原告の範囲の問題を離れても、開示請求訴訟は、原告個人の請求権の存否というよりは、当該文書が客観的に市民一般への開示になじむか否か（拒否事由に該当するか否か）を争うという性格が強い[48]。こうした点から考えても、全ての市民一般に与えられた情報公開請求権を主観訴訟の対象とするという発想にはなじみにくく、むしろ新たな客観訴訟として特別に立法化すべきであるとの主張が登場しても不思議はない。もっとも、客観訴訟として立法化するとしても、その手続は既存の給付訴訟と類似したものとなろうから、拒否決定に対する訴訟を用意しなければならない以上、その客観訴訟的性格を強調する実益は薄い。その意味では、こうした疑義が声高に主張されないことに、もはや「救済＝主観訴訟」の図式を完全に卒業し、訴訟形式論が救済の有無と直結しなくなったドイツ行政訴訟論の「成熟」を見るべきなのかもしれない。

（**2**）　むしろ、問題は、こうした開示請求訴訟と既存の諸制度との整合性である。まず、文書閲覧の問題を含めた行政手続上の決定について独立の訴訟を認めないとする行政裁判所法四四a条は、当然、再検討を免れない[49]。なぜなら、同一の文書について、一市民の立場から新しい環境情報公開法により開示を請求したものは拒否決定に対する司法的救済を保障されるのに、利害関係者として行政手続法により請求したものはこの保障がないというのは、いかにも不合理だからである。さらにさかのぼれば、許可手続や計画確定手続における関係人の文書閲覧を行政機関の裁量に委ねている現行法の規定なども、新法との調整を迫られることとなろう[50]。

その他、やや細かい問題であるが、ＥＣ指令が申請の審理期間を二か月と定めたため、不作為訴訟（申請に応答がない場合の義務付け訴訟など）の要件として行政裁判所法七五条の定める三か月の期間との調整も問題となる。この点は、当初のＥＣ委員会案が一か月としていたこともあって（ちなみに、前記の緑の党法案では二週間）、ドイツ国内で関心をよんできたが[51]、最終的なＥＣ指令における期間延長にもかかわらず、国内法との食い違いが残ることとなった。

（3）審理手続上の最大の問題は、争いの対象たる文書の裁判所への提出の方法である。当該文書が開示拒否事由に該当するか否かを裁判所が判断する場合、もっとも簡明かつ間違いのない方法は当該文書を提出させて、これを自ら検討することであろう。ただ、法廷に証拠として提出された文書は、当然に当事者の閲覧にも供されることとなるから、[52]これが提出された場合には、開示請求の訴訟は目的を達したこととなってしまう。そこで、わが国の場合も、通常は、当該文書の提出なしにその非開示事由該当性の有無が審理されることとなる。

もちろん、こうしたジレンマは、情報公開法の登場によって初めて生ずるものではなく、法廷への文書提出の是非をめぐる争いには不可避ともいえる。しかし、従来は、前記のように文書開示そのものが訴訟の対象となることは少なく、せいぜい訴訟上の証拠方法の問題に過ぎなかったといえる。そこでは、文書は証拠の一つにすぎず、これが提出されないために不明な点が残ったとしても、立証責任の問題として処理すれば十分であった。したがって、行政裁判所法九九条も、法廷への行政文書の提出拒否を行政側の疎明に委ねているに留まる。[53]そして、現実には、行政側から拒否事由に該当する旨の主張があれば、容易にそれが認められてきたという評価もある。[54]しかし、文書開示そのものを争う訴訟においては、こうした単純な処理は難しくなる。すなわち、従来の九九条についての処理方法を踏襲して、被告行政側の疎明のみで開示請求棄却の終局判決を下すわけにはいかないことはもちろんであろう。その反面、九九条による証拠としての文書提出義務は認めがたいとしても、[55]被告側としても、当該文書を提出することなく、その開示拒否事由該当性を十分に立証することは極めて困難である。結局、裁判所としては、事実上、被告側の疎明同然の立証に満足するか、立証不十分として請求をすべて認容するか、の二者択一を迫られることとなりかねない。

こうしたジレンマを解消するため、多くの論者は、情報公開制度の導入に際して、ドイツにおいても、アメリカ式のいわゆる「イン・カメラ手続（in-camera-Verfahren）」を制度化すべきであると主張してきた。[56] いうまでもなく、この制度は、原告すらも立ち会わない非公開法廷において裁判所が当該文書の内容を審査しようというものであるが、従来のドイツにおいては、ほとんど例を見ない制度といえる。[57] それだけに、当然の事ながら、その導入については慎重論も存在する。たとえば、前記の緑の党法案は、その提案理由において同制度のメリットとデメリットをかなり詳細に検討した後、その導入を否定する。[58] すなわち、こうした制度は、当事者の手続的権利の行使を危うくし判決理由を理解不能にするといった原理的な問題をはらむ反面、裁判所は、これを導入して文書自体を審査しなくても、通常、その開示の可否を判断できるとする。それを可能にするため、同案においては、被告に対し、単なる一般的な拒否事由該当性を主張するだけでなく、文書中の情報の種類や内容を出来るかぎり提示した上で（たとえば、個人情報については、匿名で提示する）、その拒否事由該当性をより詳細に理由付けることを求めて規定をおいている。ただ、現実問題として、こうした規定が有効に機能しうるかについても、疑問の残るところであり、[59] イン・カメラ手続の導入の可否は、今後の立法化に際しても難問の一つとなろう。

五　むすび

（1）　以上で見てきたように、ドイツにおける「環境情報公開法」の制定については、なお、多くの解決すべき問題点が残されている。手続上の諸問題を概観するに留めた本稿においては詳論しなかったものの、開示拒否事由の厳密な条文化に際しては、産業界や各省庁の抵抗が当然に予想される。[60] また、連邦と州との立法管轄の分配の問題も、すでに連邦参議院の議決があるだけに、慎重な調整を要しよう。[61] むしろ、この際、一般的な情報公開

法を制定すべしとする意見が登場しないとも限らない。(62)

こうした困難を克服して、ＥＣ指令の定める期限たる一九九二年末までに立法化が可能となるのか否か、やや疑問の残るところではある（ちなみに、環境影響評価法は、ＥＣの定める期限を一年半以上も徒過して制定される結果となっている）。しかし、遅かれ早かれ、また、その内容の詳細もともかく、ドイツにおいても一定の情報公開制度が立法化されることは確実であり、その最終的な内容はもちろん、それに至る今後の議論の経過も注目に値しよう。

（**2**）　ここではドイツにおける立法化に際しての課題を見てきたが、多くは、すでにわが国において顕在化している問題ではある。さらに、そのほとんどが、すでに条例化の際に意識されながら、条例化を急ぐが故に素通りされてきた問題であるように思われる。さらに、法律ではなく条例であったが故の限界もあるであろう。

しかし、わが国の情報公開条例も、すでに「制定することに意味がある」という段階を卒業したと考えなければなるまい。さらに、ＥＣの動きが国際的な経済競争秩序の一環としてとらえられている以上、(63)国レベルでの情報公開法の制定をわが国が迫られる日も遠くはないと考えられる。その際には、従来の経緯にこだわらず、イン・カメラ手続などの導入も大胆に検討しなければならないであろうし、ドイツの立法化の経験に学ぶ必要も出てこよう。その時点では、ドイツの制度がわが国よりかなり先を走っている可能性も高いのである。

〔**追記**〕

本稿は、一九九三年二月に市原昌三郎先生古稀記念論集『行政紛争処理の法理と課題』に掲載した同名の論文であり、ドイツの環境情報公開法については、なお政府案も発表されていない段階で執筆している。そのため、あらためて同法の成立後に本章第一節掲載の論文を執筆した。したがって，両者の間には，かなりの重複がある。しかし，後者の中で本稿を引用しているため，その参照の便宜をはかる必要を感じたこと，さらに，行政紛争処理をテーマとする記念論集の編集方針との係わりから，後者とは異なった視点から本稿を執筆していること，などから，本稿についても，本書に収録することとした。なお，本稿において問題とした行政救済制度と情報公開の関係については，後者においても触れたとおり，実際のドイツの立法においては，ほとんど特別の規定はおかれず，たとえばイン・カメラ手続の導入などについても，今後の課題として残される結果となっている。

（1）　本稿の執筆に際しては，わが国の諸文献の参照が不可能であったため，以下，その引用やわが国の制度の本格的な検討は断念せざるをえない。
（2）　ドイツの行政手続における文書閲覧制度については，各種行政手続法コンメンタールにおける二九条の解説のほか，比較的最近のものとしては，Schoenemann, Akteneinsicht und Persönlichkeitsschutz, DVBl. 1988, S. 520 ff.; Gurlit, Die Verwaltungsöffentlichkeit im Umweltrecht (1989), S. 131 ff.; Burmeister/Winter, Akteneinsicht in der Bundesrepublik, in: Winter (Hrsg.), Öffentlichkeit von Umweltinformation (1990), S. 87 ff.; Mengel, Akteneinsicht in Verwaltungsverfahren, Verw. 1990, S. 377 ff.; Hufen, Fehler im Verwaltungsverfahren, 2. Aufl. (1991), S. 163 ff.; Bieber, Informationsrechte Dritter im Verwaltungsverfahren, DöV 1991, S. 857 ff.
（3）　ここでは，便宜上，「アメリカ型」という表現を用いているが，情報公開制度がアメリカに固有の制度ではないことはいうまでもなく，とくに北欧諸国は長い伝統を有している。各国の情報公開制度を比較するものとして，Winter, Zusammenfassender Bericht, in: ders. (Hrsg.), aaO. (Anm. 2), S. 1 ff.
（4）　Richtlinie des Rates vom 7. 6. 1990 über den freien Zugang zu Informationen über die Umwelt (90/313/EWG), ABl. 1990, Nr. L 158, S. 56 ff.＝NVwZ 1990, S. 844 ff.

（5）　情報公開に関する原理的研究の中から新旧二つのみを挙げれば，Schröder, Staatstheoretische Aspekte einer Aktenöffentlichkeit im Verwaltungsbereich, Verw. 1971, S. 301 ff.；Gurlit, aaO.（Anm. 2），S. 4 ff. さらに，行政実務家による最近のものとして，Schindel, Das Recht auf Information als Kontrollrecht des Bürgers gegenüber der Staatsmachs, DuD（Datenschutz und Datensicherung）1989, S. 591 ff.

（6）　たとえば，自由民主党は，すでに，一九八〇年の選挙綱領において情報公開の実現を唱えている（もっとも，選挙後の具体的活動には反映しなかったようである）。この点について，Schwan, Amtsgeheimnis öder Aktenöffentlichkeit？（1984），S. 113 ff.

（7）　Vewaltungsverfahrensgesetz v. 25. 5. 1976, BGBl. I S. 1253, §§72-78.；Bundes Immissionsschutzgesetz v. 14. 5. 1990, BGBl. I S. 880, §§4-21.；Atomgesetz v. 15. 7. 1985, BGBl. I S. 1565, §§6-9b. 以下，個別条文の引用は，省略する。

（8）　計画確定手続における計画や資料の公開については，さしあたり，Kühling, Fachplanungsrecht（1988），S. 142 ff.；Steinberg, Das Nachbarrecht der öffentlichen Anlagen（1988），S. 48 ff.

（9）　許可手続における文書閲覧については，とくに，v. Mutius, Akteneinsicht im atom- und immissionsschutzrechtlichen Genehmigungsverfahren, DVBl. 1978, S. 665 ff.

（10）　Gesetz über die Umweltvertäglichkeitsprüfung v. 12. 2. 1990, BGBl. I S. 205, § 11.

（11）　許可手続における情報公開の実例についての興味深い報告として，Führ, Umweltinformationen im Genehmigungsverfahren, in：Winter（Hrsg.），aaO.（Anm. 2），S. 129 ff.

（12）　Wasserhaushaltsgesetz v. 23. 9. 1986, BGBl. I S. 1529. § 35.

（13）　その制度と問題点については，Nieß-Mache, Auskunftsrechte und Auskunftspflichten gegenüber Dritten bei Abwassereinleitungen, UPR 1987, S. 130 ff.

（14）　Trinkwasseraufbereitungsverordnung v. 19. 12. 1959, BGBl. I S. 762, § 3 I.

（15）　Chemikaliengesetz v. 14. 3. 1990, BGBl. I S. 521, § 22. その他の例と問題点については、Hahn, Öffenbarpflichten im Umweltschutzrecht（1984）, S. 5 ff.

（16）　この問題については、極めて議論が多いが、最近の包括的な研究を一点のみ挙げると、Gröschner, Aufklärung der Öffentlichkeit in Umweltfragen, WUR（Wirtschafts- und Umweltrecht）1991, S. 71 ff. さらに、有毒薬物入ワインの瓶詰業者名についての法的根拠を欠く公表の適法性を認めた最近の判例として、BVerwG, Urt. v. 18. 10. 1990, JZ 1991, S. 624 ff.（mit Anm. v. Gröschner）＝NJW 1991, S. 1766 ff.

（17）　報道機関による情報提供の請求制度については、各州プレス法の立法状況を含めて、Schwan, aaO.（Anm. 6）, S. 150 ff.

（18）　Bundesdatenschutzgesetz v. 20. 12. 1990, BGBl. I S. 2954, §19.

（19）　行政手続における文書開示請求権の時間的限界については、Gurlit, aaO.（Anm. 2）, S. 145 ff.；Burmeister/Winter, in：Winter（Hrsg.）, aaO.（Anm. 2）, S. 101 ff.

（20）　正式の計画確定手続に先行する住民参加を欠く様々な諸手続については、山田洋・大規模施設設置手続の法構造二二頁。

（21）　計画確定手続については、行政手続法七五条二項二文がこうした稼働後の施設改善等の請求を認めている。これについては、Steinberg, aaO.（Anm. 8）, S. 195 ff.

（22）　Verwaltungsgerichtsordnung v. 21. 1. 1960, BGBl. I S. 17, §44a. この条文の問題点については、山田・前掲注（20）二六九頁。さらに、Eichberger, Die Einschränkung des Rechtsschutzes gegen behördliche Verfahrenshandlungen（1986）, S. 59 ff.；Hufen aaO.（Anm. 2）, S. 401 ff.

（23）　この条文についても、最近まで議論が耐えないが、さしあたり、山田・前掲注（20）二八六頁。さらに、近年の動向については、Hufen, aaO.（Anm. 2）, S. 391 ff.

（24）　Gurlit, aaO.（Anm. 2）, S. 196 ff.；Mengel, Verw. 1990, S. 387 f.

(25) たとえば、Eichberger, aaO. (Anm. 22), S. 246 ff.

(26) いくつかの例を挙げれば、Scherer, Verwaltung und Öffentlichkeit (1978), S. 13 ff.; Bull, Informationswesen und Datenschutz als Gegenstand von Verwaltungspolitik, in: ders. (Hrsg.), Verwaltungspolitik (1979), S. 119 ff.; Schwan, aaO. (Anm. 6), S. 90 ff.; Rotta Nachrichtensperre und Recht auf Information (1986), S. 117 ff. ちなみに基本法は行政手続外での個人の公文書閲覧請求権を保障していないとするのが、確立した判例である。たとえば、BVerwG, Urt v. 16. 9. 1980, BVerwGE 61. S. 15 ff. (22 f.); Beschl. v. 9. 10. 1985, NJW 1986, S. 1277 f.; BVerfG, Beschl. v. 30. 1. 1986, NJW 1986, S. 1243.

(27) 近年のドイツ環境法の展開を概観するものとして、Breuer, Verwaltungsrechtliche Prinzipien und Instrumente des Umweltschutzes (1989), S. 1 ff.

(28) ちなみに、一九八六年には、チェルノブイリの原発事故やバーゼルの化学工場事故によるライン川汚染などの大規模事故が続発し、ドイツ国民にも大きな衝撃を与えた。とりわけ、前者における情報不足の不安が環境情報の重要性を再認識させることともなった。後掲注 (30)「緑の党」法案の提案理由もこの点に言及している。BT-Drucksache 11/1152, S. 11.

(29) Entwurf eines Gesetzes zur Auskunftsrecht über Umweltdaten, BR-Drucksache 172/87.

(30) Entwurf eines Gesetzes über das Einsichtsrecht in Umweltakten, BT-Drucksache 11/1152, S. 1 ff. ただし、前年七月に、ほぼ同内容の法案が提出されており (BT-Drucksache 10/5884, S. 1 ff.)、正確には、これが最初の法案ということになる。しかし、会期末間際でもあり、ほとんど世間に知られないまま、廃案となっている。

(31) この両案の内容を比較検討するものとして、Gurlit, aaO. (Anm. 2), S. 225 ff.

(32) Beschluß des Bundesrates v. 16. 10. 1987, BR-Drucksache 172/87.

(33) 65. Sitzung v. 4. 3. 1988, Bundestag Stenographische Berichte 11. Wahlperiode, S. 4487 ff.

(34)　ECの環境政策の現状については、Pernice, Gestaltung und Vollzug des Umweltrechts im europäischen Binnenmarkt, NVwZ 1990, S. 414 ff.

(35)　一二の加盟国のうち、デンマーク、オランダ、フランス、ギリシアが包括的な情報公開制度を有し、イタリアが環境情報の公開制度を有する。加盟国の情報公開の現状については、v. Schwanenflügel, Das Öffentlichkeitsprinzip des EG-Umweltrechts, DVBl. 1991, S. 93 ff.

(36)　たとえば、一九八九年の欧州議会における基本権に関する宣言においては、その一八条として、行政文書の開示を求める権利が明文化されている。Einschließung und Erklärung des Europäischen Parlaments über Grundrechte und Grundfreiheiten v. 12. 4. 1989, NVwZ 1991, S. 759 ff.

(37)　4. Aktionsprogramms der EG für Umweltschutz (1987――1992), ABl. 1987, Nr. C 70, S. 7 ff. (16 f.).

(38)　Vorschlag für eine Richtline des Rates über den freien Zugang zu Informationen über die Umwelt (von der Kommission vorgelegt), KOM (88) 484 endg＝ABl. Nr. C 335, S. 5 ff.＝NVwZ 1989, S. 1039 f. この委員会案に対応するものとして、Gurlit, Europa auf dem Weg zur gläsernen Verwaltung? ZRP 1989, S. 253 ff.; Schindel, Datenschutz contra Umweltschutz? ZRP 1990, S. 135 ff.

(39)　Empfehlungen der Ausschlüsse zum Vorschlag für eine Richtlinie des Rates, BR-Drucksache 38/1/89.

(40)　Autrag des Landes Baden-Württemberg zum Vorschlag für eine Richtlinie des Rates, BR-Drucksache 38/2/89.

(41)　Beschluß des Bundesrates v. 21. 4. 1989, BR-Drucksache 38/89.

(42)　前掲注（4）参照。

(43)　制定過程については、v. Schwanenflügel, DVBl. 1991, S. 97. その他、この理事会指令の解説として、Kremer, Umweltschutz durch Umweltinformation, NVwZ 1990 S. 843 f.; Schröder, Auskunft und Zugang in bezug auf Umweltdater als Rechtsproblem, NVwZ 1990, S. 905 ff.; Drescher, Die EG-Richtlinie über den freien Zugang zu Informationen über die Umwelt, VR 1991, S. 18 ff. ; Bieber, DöV 1991, S. 826 ff. ; Scherzberg, Der freie Zugang zu Informationen über die Umwelt, UPR 1992, S. 48 ff. ; Blumenberg, Die Umwelt-Informations-Richtlinie der EG und ihre Umsetzung in das deutsche Recht, NuR 1992, S. 8ff. ; Engel, Der freie Zugang zu Umweltinformationen nach der Informationsrichtlinie der EG und der Schutz von Rechten Dritter, NVwZ 1992, S. 111 ff. ; Erichsen, Das Recht auf freien Zugang zu Informationen über die Umwelt, NVwZ 1992, S. 409 ff.

(44)　同指令の直接適用の可能性を示唆するものとして、Pernice, NVwZ 1990, S. 424 ff. ; Drescher, VR 1991, S. 21. ; Scherzberg, UPR 1992, S. 54 ff. ; Blumenberg, NuR 1992, S. 10. ; Erichsen, NVwZ 1992, S. 417 f.

(45)　情報提供と文書開示の相違については、Schröder, NVwZ 1990, S. 908. ; Drescher, VR 1991, S. 20 f. ; Scherzberg, UPR 1992, S. 51. ; Erichsen, NVwZ 1992, S. 411 f.

(46)　開示拒否決定について、新しい訴訟形式の立法化の必要性を主張するものは、従来から、ほとんど見当らない。従来の枠内での処理を前提とするものとして、Gesetzentwurf der Grünen, §§21 ff. aaO. (Anm. 30), S. 7 f. ; Gurlit, aaO. (Anm. 2), S. 242 ff. ; Schröder, NVwZ 1990, S. 908 f. ; v. Schwanenflügel, DVBl. 1991, S. 100 f. ; Blumenberg, NuR 1992, S. 14. ; Engel NVwZ 1992, S. 112 f. なお、第三者による開示差止訴訟（もしくは、開示処分取消訴訟）については、これが主観訴訟であることに疑いはあるまい。

(47)　この点について、Steinberg, aaO. (Anm. 8) , S. 212 f.

(48)　ちなみに、行政裁判所法四七条による規範審査訴訟などは、原告適格が利害関係者に限られているにもかかわらず、行政命令の客観的適法性を審査するという性格ゆえに、客観訴訟であると解されている。この点につき、Redeker/v. Oertzen, Verwaltungsgerichtsordnung, 10. Aufl. (1991), S. 235 f.

(49)　Gurlit, ZRP 1989, S. 256. ; Burmeister/Winter, in : Winter (Hrsg.), aaO. (Anm. 2), S. 121. ; v. Schwanenflügel, DVBl. 1991, S. 101. ; Engel, NVwZ 1992, S. 113.

(50)　Drescher, VR 1991, S. 20.

(51)　Schröder, NVwZ 1990, S. 908.

(52)　行政裁判所法一〇〇条による当事者の文書閲覧権については、Redeker/v. Oertzen, aaO. (Anm. 48), S. 532 ff.

(53)　行政裁判所法九九条は、行政機関に対して関係書類の裁判所への提出を義務付けるが、行政機関は、国益や第三者の利益を害するなど、所定の拒否事由に該当するときは、これを拒否できる。ただし、相手方の請求があれば、裁判所は、これについて行政機関の疎明により決定することとなる。これについては判例も多いが、それを含めて、Redeker/v. Oertzen, aaO. (Anm. 48), S. 527 ff.

(54)　Gurlit, aaO. (Anm. 2), S. 204 ff. ; Mengel, Verw. 1990, S. 388 f. ; Blumenberg, NuR 1992, S. 15. ; Scherzberg, UPR 1992, S. 54.

(55)　九九条から訴訟の対象たる文書自体の提出義務は生じないとする点について、理論構成を異にするものの、Redeker/v. Oertzen. aaO. (Anm. 26), S. 81 ff. ; Rotta, aaO. (Anm. 48), S. 529. ; Kopp, Verwaltungsgerichtsordung, 8. Aufl. (1989), S. 1174 f., Scherzberg, UPR 1992, S. 54.

(56)　Scherer, aaO. (Anm. 26), S. 81 ff. ; Rotta, aaO. (Anm. 26), S. 156 f. ; Gurlit, aaO. (Anm. 2), S. 206 ff. und 242 ff. ; Mengel. Verw. 1990, S. 384 ff. ; Schröder, NVwZ 1990, S 908 f. その他、連邦憲法裁判所法二六条二項にならい、裁判所が（密室で）対象文書を審査し、訴訟における利用の可否を決する（公開可なら利用し、不可なら利用しない）制度の導入を主張するものとして、Blumenberg, NuR 1992, S. 15 f.

(57)　ただし、旧法における前例は、戦後の各州行政裁判所法など、皆無ではないという。これについて、Rotta, aaO. (Anm. 26), S. 157.

(58)　Gesetzentwurf der Grünen, aaO. (Anm. 30), S. 12 ff. その他、この法案に近い立場のものとして、Scherzberg, UPR 1992, S. 45, ; v. Schwanenflügel, DVBl ° 1991, S. 101. 現行九九条の解釈による対応を可能とする

ものとして、Engel, NVwZ 1992, S. 114.

(59) Gurlit, aaO. (Anm. 2), S. 243 f.; Mengel, Verw. 1990, S. 390 f.; Schröder NVwZ 1990, S. 909.; Blumenberg, NuR 1992, S. 15.

(60) たとえば、企業秘密の保護については、Breuer, Der Schutz von Betriebs- und Geschäftsgeheimnissen im Umweltrecht, NVwZ 1986, S. 171 ff.; Steinberg, Schutz von Geschäfts- und Betriebsgeheimnissen im atomrechtlichen Genehmigungs- und Aufsichtsverfahren, UPR 1988, S. 1 ff.

(61) Drescher, VR 1991, S. 21.; Blumenberg, NuR 1992, S. 11 f.; Erichsen, NVwZ 1992, S. 415 f.

(62) 環境情報のみに限った情報公開を不適当とする見解として、たとえば、Breuer, NVwZ 1986. S. 178. 統一的な情報公開制度の必要性を示唆するものとして、Bieber, DöV 1992, S. 866 f. これとは別に、統一的な環境法典の中に情報公開制度を組み込もうという動きもある。すなわち、一九九〇年、連邦環境省の委託を受けて、後記の四教授が統一環境法典草案を作成したが、その一三四条以下に環境情報の公開の規定がおかれている。そこでは、何人にも環境情報の閲覧請求権が認められること、個人情報等がその対象から除外されることなどが条文化されている。ただし、権利保護手続についての特別の規定はない。この草案については、Kloepfer/Rehbinder/Schmidt-Aßmann/Kunig, Umweltgesetzbuch――Allgemeiner Teil――(1991), S. 435 ff.

(63) 今回のＥＣ理事会指令も、その前文で、情報公開制度の相違により加盟国の国民が異なった競争条件の下におかれている、との観点を強調している。Richtlinie des Rates, ABl. 1990, Nr. L 158, S. 56.

第三節　情報公開の費用負担

――民主主義のコスト?――

一　はじめに

(1)　情報公開条例が各地方公共団体の創意と工夫によって全国に拡大していったという事情を反映して、現在なお、各地の条例の間には、かなりの相違が残されている。このことは、制度の経緯から当然であるばかりではなく、各地の経験に学ぶことによって、今後のより良い制度設計を図る上で、望ましいことでもある。それなりに各地の経験が集積しつつある今日、早期に条例の制定に踏み切った「先進自治体」こそ、それに固執することなく、各地の条例の経験に照らして、その制度の再検討をなすことが望まれるはずである。

さて、各地の条例間の注目すべき相違の一つに、情報開示の費用負担の問題があることは、周知のとおりである。多くの地方公共団体においては、写しの交付についてはコピー代を徴収するものの、単なる閲覧については手数料を無料としてきた。これに対して、東京都をはじめとする地方公共団体においては、閲覧についても手数料を徴収している。近年の調査によると、[1]回答二〇八団体のうち、閲覧・複写とも有料とするのは四二団体、複写のみ有料とするものが一六五団体であるという（苫小牧市のみ、複写も無料）。ちなみに、閲覧を有料とする団体の内訳を見ると、都道府県では東京・香川・静岡・高知の四団体（無料三四団体）、政令指定市では札幌・横浜・広島・北九州・福岡の五市（無料六市）などとなっている。その他、県庁所在地で二市（無料一四市）、広域市町村圏の中心市で三市（無料二二市）、その他の市で七市（無料二五市）、町で一二町（無料一四町）、村で一村（無料なし）が閲覧にも手数料を徴収しているという。ちなみに、特別区については、回答二一区全てで閲覧を無料としている。

（２）　この結果で見る限り、政令指定市と町で閲覧を有料としているものがやや目立つ程度で、団体の規模による相違は、顕著とはいえない。また、地域による傾向も、とくに無さそうである。その他、制定時期による傾向も読み取れない。結局のところ、この差異は、各団体それぞれが独自に検討した結果であり、立法政策的な考え方の違いを反映したものと解するほかあるまい。このことは、閲覧の手数料を徴収することの是非について、必ずしも一般的な了解が形成されていないことを伺わせるものといえる。

従来、この問題については、住民の「知る権利」の保障のためには閲覧の無料化が当然であるとする議論[2]と、受益者負担や濫用防止の観点から有料化すべきであるとする議論[3]とがある。しかし、情報公開制度の実効性にも大きな影響を持つ問題であるわりには、十分な議論の蓄積に欠けていることも否定できない。以下、本稿においては、限られた範囲ではあるが、紹介されることの少なかったドイツの動向なども参考にしながら、今後の本格的な検討の前提として、情報公開とくに閲覧の費用負担の問題を考えてみたい。

二　ドイツの動向

(1)　情報公開の費用負担については、海外の諸国においても、その対応が揺れている。わが国の議論の参考とされることが多いアメリカにおいても、周知のとおり、一九八六年の情報自由化法改正によって、営業目的の大量の情報公開に対応する観点から、こうした請求について、手数料を徴収する方向が打ち出されている。[4] もちろん、こうした方向については、そこでも賛否両論があるといわれる。以下で見るように、ヨーロッパにおいても、この問題に対する確立した考え方は、なお存在しないといえる。

すなわち、一九九〇年六月、当時のヨーロッパ共同体（EC）は、「環境情報への自由な接近に関する理事会指令[5]」を決議し、加盟各国に対して一九九二年末までに環境情報公開制度を法制化するよう命じた。これをうけて、ドイツにおいても、一九九四年七月、遅ればせながら「環境情報公開法[6]」が制定され、これによって、市民一般を対象とする情報公開制度を有しなかったドイツも、環境情報に限られるとはいえ、本格的な情報公開制度を持つこととなった。そして、この制定の過程において、環境情報の閲覧について手数料を徴収することの是非が激しく争われている。

(2)　そもそも、ECの立場自体が揺れており、必ずしも明確とはいいがたい。この理事会指令の基礎とされたEC委員会の提案[7]においては、情報公開の方法を定めた四条一項において、「申請者の選択に従い、無料での閲覧もしくは実費（tatsächliche Kosten）を申請者が負担する複写の交付による」との規定がなされていた。すなわち、この草案においては、閲覧は無料で、複写の実費のみを徴収することが明らかにされていたのである。さらに、この提案に対するＥＣ社会経済委員会の意見書[8]においては、前記の実費がコピー代などに限られること、その徴収も加盟国が公益上の理由などから国内法で免除できること、などの確認が求められているほどである。同様に、欧州議会による意見書[9]においても、非営利団体などによる公益目的の公開請求につては、直接のコピー代のみを徴収すべきであり、それも百枚までは無料とすべきであるとの提案がなされている。この段階においては、単なる閲覧が無料であることは当然の前提とされ、むしろ、どこまで複写の実費の徴収を免除すべきかが議論の対象であったと考えられる。

しかし、この状況は、理事会を舞台とする加盟国政府間の調整の段階で一変する。詳細な事情は明らかでないが、加盟国の主張をうけた妥協の結果、最終的な理事会指令においては、前記の草案四条一項にかわって、新たに費用負担について規定する五条がおかれることとなった。同条によれば、「加盟国は、情報の提供（Übermitt-lung）について、相応の（angemessen）額を越えない手数料（Gebühren）を徴収することができる」こととされたのである。この条文の意味については、後に触れるように議論の余地があるが、少なくとも草案の規定と比較すると、閲覧についての手数料徴収が可能であるとの解釈の余地を残すものであることは明らかであり、これを望む声が加盟国政府の中に強かったことを伺わせる[10]。

もちろん、指令は、手数料の徴収を可能であると規定しているだけであって、その国内法化に際して、加盟国がこれを無料としたり、その範囲を限定したりすることを妨げるものではない。そもそも、指令が手数料の徴収を認める「提供」の範囲を限定的に解釈し、それ以前の検索等の準備段階を除外し、狭義の「提供」に「相応の」額のみを徴収できるというように解すれば、実際上、その額は、複写等の実費に無限に近づくこととも なる[11]。したがって、情報公開の費用負担の問題は、加盟各国による国内法化に際しての指令の解釈、ひいては、この制度に対する各国の姿勢の如何に係ってくることとなったのである。

（**3**）さて、ドイツは、この指令を国内法化する「環境情報公開法」の制定において、全般に、公開に極めて消極的な態度をとったといえるが[12]、費用負担の問題については、むしろ指令を拡大解釈する立場をとることとなった。すなわち、同法一〇条一項は、情報公開の費用について、以下のように規定している。「本法に基づく職務行為については、手数料（Gebühren）および費用（Auslagen）を徴収する。手数料は、予測される費用（Kosten）に見合うものとする。他の法規の費用規定は、影響を受けない。」この規定を受けて、具体的な額は、連邦の行政機関については同条二項に基づく連邦政府の命令、各州の行政機関については各州の法律によって規定されることとなる。すでに、前者については「環境情報公開手数料令」[13]が制定されており、各州法も整備されつつある[14]。

このドイツの規定をＥＣ指令と比較すると、まず、後者が単に「手数料」の徴収と規定しているのに対し、前者においては、「手数料」と「費用」が分けて規定されていることが目に付く。ドイツ法の通例では、「手数料」が行政による給付の対価一般を意味するのに対し、「費用」は、複写費や送料などの実費を意味するとされる[15]。この結果、この法律においては、複写の費用などの実費を越えた手数料を徴収しうること、とりわけ閲覧そのものについての手数料を徴収しうることが、ＥＣ指令以上に明確にされていることになる。

さらに、手数料の対象となる活動についても、ＥＣ指令が「情報提供」という限定的な表現を採用していたのに対し、この規定は、より一般的に「職務行為」と表現している。このことにより、何よりも、情報提供の拒否決定に際しても手数料を徴収する余地が出てくるわけで、同法の政府草案理由書[16]もこうした解釈を明言している。現に、連邦の「手数料令」も拒否処分の手数料徴収を前提としており[17]、州の法律の中には、拒否決定について、最高二〇〇〇マルクもの手数料徴収を規定している例もある[18]。

また、直接の「提供」だけでなく、その準備行為を含めた「職務行為」を手数料の対象とし、さらに、それに「見合う」額の徴収が強調されているため、その手数料自体も、かなり高額に設定される傾向となっている。たとえば、連邦の「手数料令」によれば、文書の閲覧などについて、簡単な事例でも二〇から二〇〇マルク、資料の整理に多くの作業を要する場合には二〇〇から二〇〇〇マルク、とくに多件数の部分公開などの特別に労力のいる作業を要する場合にいたっては二〇〇〇から一万マルクもの手数料を徴収することとされているのである。具体的な徴収額は、この範囲内において、行政側が要した労力などと申請者側の得た利益などの両者を勘案して決められることとなるが（連邦行政費用法九条一項）[19]、情報公開については、後者が評価しがたいこと、法が前者を強調していることなどから、実際上は前者が決定的な意味を持つこととなろう。いずれにしても、かなりの高額が徴収されることとなる公算が強い。

（4）　もちろん、このような情報公開についての行政側のコスト負担を回避しようという立法の基本姿勢に対しては、市民による環境情報の公開請求に経済的な障壁を設けるものであるとの観点からの批判も強い。たとえば、連邦議会に提出された「緑の党」の対案[20]においては、閲覧は無料とする一方、複写についても実費のみを徴収し、さらにその免除措置を設けるべきことが明文化されている。また、政府案に対する社民党の修正案[21]においても、情報提供について、原則として実費のみを徴収し、五時間を越える職務執行についてのみ手数料を徴収すべきこと、環境保護団体等については手数料を免除すべきことなどが提案されている。

これらの案は、連邦議会において与党によって否決され、現在の条文が成立したわけであるが、今なお、これに対してはEC指令に違反するとの強い批判がある。とりわけ、情報公開の拒否決定についての手数料を徴収することに対しては、明白な指令違反であるとする主張が圧倒的といえる[22]。また、直接の提供行為だけではなく検索や審査といった職務活動までも手数料の算出根拠としていることに対しても、批判は強く、[23] むしろ労力は手数料の根拠となりえないとする主張も有力である。[24] このように解すれば、手数料は実費と大差がなくなることとなろう。また、現実に定められている手数料の額が高額に過ぎることについても、ＥＣ指令違反あるいは比例原則違反とする主張[25]があるなど、批判が跡を絶たない。早晩、この問題は、欧州裁判所の場に持出されることとなろうが、その結末を含めて、将来の行方は、なお不透明といわざるをえない。

三　費用負担のあり方

(**1**)　ＥＣ指令に基づき環境情報公開法が制定されたドイツと異なり、わが国の条例による情報公開制度の法的な枠となるのは、いうまでもなく憲法と法律（とくに地方自治法）である。とりわけ、わが国では、情報公開制度と憲法上の「知る権利」との関係が強調されてきた[26]ため、その費用負担の議論においても、これを根拠として、情報公開の手数料の徴収を否定的に解する傾向があった。ただ、たとえ情報公開請求権を憲法上の権利と解する立場に立つとしても、それが無償でなければならないという結論がストレートに導き出されるとは思われない。先に見た海外の動向に照らしても、その無料化までも、普遍的な権利に属するとの解釈が定着しているとは、到底いいがたい。せいぜい、権利の行使を実質的に不可能とするような高額の手数料を徴収できないとする要請が読み取れる程度であろう。

いかに情報公開が民主主義を支える制度であるといっても、その運営には、一定のコストを要することは避けがたい。この「民主主義のコスト」を誰だ負担すべきかは、民主主義の自明の帰結ではなく、別途、検討を要する問題であろう。結局のところ、情報公開の費用負担の問題については、「すぐれて立法政策の問題である」[27]というほかあるまい。いうまでもなく、情報公開制度そのものが立法の産物であるとの立場をとる場合には、この結論は当然ということとなる。

（2）　一方、地方自治法二二七条一項は、「普通地方公共団体の事務で特定の者のためにするもの」について、手数料を徴収できるものとしており、閲覧の手数料は、これに該当するものとして徴収されている（複写の費用については、これと異なり、物品の対価としての「実費徴収」として扱われることとなろう）[28]。もちろん、これは徴収を義務付けているわけではないから、条例による無料化を妨げるものではない。

ただし、特定の者のためにする事務の意味は、必ずしも一義的ではない。これについて、先例は、「一個人の要求に基づき主としてその者の利益のために行う事務」をいい、「一個人の利益又は行為のため必要となったもの」でなければならず、「もっぱら地方公共団体自体の行政上の必要のためにする事務」については手数料の徴収はできないとする[29]。この解釈を前提とすると、情報公開請求については、公益目的によるもので申請者個人の利益を目的とするものではないから、手数料は徴収できないとする主張も成り立ちそうである。しかし、情報公開制度は、その用途を問わないとはいえ、行政情報を申請者の利用に供する制度であり、それが営業目的などに用いられる場合はもちろん、公益目的に用いられる場合についても、特定の者のためにする事務に該当すると解するのが素直な解釈であると思われる。したがって、閲覧手数料の徴収を地方自体法違反であるとまで断定することは困難であり、ここでも、条例による立法政策の問題と解すべきこととなろう。結局、この問題は、各地方公共団体が、その責任において、主体的に選択すべきものであると考えられる。

（3）　さて、情報公開についても、利用者の立場からすれば無料であるにこしたことはない。しかし、それに要した費用を住民全体の負担に解消することについて、住民の理解が得られるか否かは別の問題である。制度が住民全体に対して開かれているとはいえ、現実には全ての住民がそれを利用するわけではないのであるから、利用者に一定の負担を求めることは、必ずしも不合理とはいえまい。とくに、洋の東西を問わず憂慮の種となっている営業目的による大量の公開請求[30]などについて、現実にそれが存在する以上、これを無料の行政サービスとすることには抵抗があろう。この制度を市民自身が支えるという雰囲気を維持し、その責任ある利用を促すという観点からも、閲覧手数料の徴収は、あながち非難すべきことではない。

もっとも、手数料を徴収する場合には、絶対額の程度もさることながら、その算出方法が困難な課題となる。現在は、一件名（簿冊にあっては一冊）につき二〇〇円とする東京都条例の例[31]のように、件数により算出する方法が一般的であろうが、その数え方は不明確[32]であり、各団体毎にまちまちのようである。[33]しかし、ドイツにおけるように、一定の枠内で行政機関の裁量に委せたり、職員の労働時間を算出根拠とするといった方法も、わが国には馴染みがない。おそらく、今後、合理的な件数の算出方法の工夫が求められることとなろう。

もちろん、手数料徴収の必要性の程度は、各地方公共団体毎に異なってくる。請求件数の少ない小規模団体などにおいては、制度の利用を奨励する意味からも、あえて手数料を徴収しないという選択があってもよい。営業目的の請求などについても、やや過剰に心配されていた傾向もみられ[34]、状況は、各団体毎に大きく異なるはずである。これまでの各自の経験に即した対応策を考えるべきであろう。もちろん、公益目的などの請求についての手数料の減免措置[35]なども、工夫の余地が少なくないものと思われる。

四　むすび

(1)　先に触れたように、民主主義にもコストはつきものであり、必要な投資は惜しむべきではない。しかし、それが恒常化することによって、コストの存在そのものの意識が希薄となり、ひいては、民主主義そのものが所与のものであるが如くに扱われるようになることは、民主主義にとっても不幸である（ドイツにおいては、法案理由書において、大筋であっても、そのコストが示されるのが通例である(36)）。

情報公開制度についても、折りに触れて、そのコストを点検しつつ、その制度がコストに値するものとなっているか否かを再検討する必要があろう。また、住民にとっても、納税者あるいは利用者の立場から、そのコストを負担しつづける用意があるか否か、自らに問い直していくことが不可欠であると思われる。

(2)　前記の環境情報公開ＥＣ指令は、一九九六年末の段階で加盟国の実情報告を求め、これに基づく指令の見直しを実施することを明言している（八条）。これに対し、従来のわが国においては、法律や条例により一定の制度がつくられると、それが固定化してしまい、その制度が本格的な機能不全をきたすまでは、その見直しがなされることは希であったと思われる。しかし、情報公開制度といった新しい制度については、経験に学ぶ試行錯誤は不可避である。その意味では、近年、各地方公共団体が条例制定以来の経験を総括し、それを再検討する動きの見えることは、歓迎すべきことといえる。

本稿で考えてきた費用負担の問題は、情報公開制度そのものの存在意義を再確認する上で、担当者にとっても住民にとっても、最適な素材といえる。いずれの結論をとるにしても、他の団体の経験を参考としながらも、地域の実情にそった各地方公共団体による主体的な選択が期待されることを、再度、強調しておきたい。

〔追記〕

本稿は、もともと春日市個人情報保護審査会編「知る権利・知られない権利」のために執筆し、一九九六年三月に同書に掲載された。しかし、同書においては、頁数の関係から、注記をすべて省略する結果となったため、これを補ったかたちで、同年六月、あらためて東洋（東洋大学通信教育部）三三巻六号に掲載することとした。ちなみに、先に国会に提案された情報公開法政府案によると、情報公開の費用負担については、「開示請求に係る手数料」と「開示の実施に係る手数料」という二段階の手数料を「実費の範囲内」で徴収することとされている（一六条）。もっとも、「実費」の意味が不明確なこともあり、実際にどのような手数料の徴収が予定されているかは、今のところ、必ずしも明らかではない。

（1）アンケート委員会「情報公開制度に関するアンケート調査の分析」川崎市情報公開制度記念論文集・開かれた市政の実現をめざして四九七頁。さらに、林伸郎「情報公開の窓口制度」同書三二六頁、東京第二弁護士会・情報公開・公開ハンドブック一五九頁。

（2）たとえば、林・前掲注（1）三三〇頁、三宅弘「日弁連情報公開法大綱について」自由と正義四六巻五号五五頁。

（3）さしあたり、東京都情報連絡室・情報公開事務の手引き（再訂版）五九頁。

（4）根本猛「アメリカの連邦情報自由化法」情報公開・個人情報保護（ジュリスト増刊）一五四頁。

（5）Richtlinie des Rates v. 7. 6. 1990 über den freien Zugang zu Informationen über die Umwelt (90/313/EWG), ABl. Nr. L 158, S. 56 ff.

(6)　Umweltinformationsgesetz v. 8. 7. 1994, BGB1. I 1994, S. 149ff. 正確には、この法律は、以下の法律の第一部として制定されている。Gesetz zur Umsetzung der Richtlinie 90/313/EWG des Rates v. 7. 6. 1990 über den freien Zugang zu Informationen über die Umwelt, v. 8. 7. 1994, BGBl. I 1994, S. 1490 ff.

この法律の詳細な解説として、Fluck/Theuer, Umweitinformationsrecht (1994), Kommentirung A. § 10, S. 1 ff.; Röger, Umweltinformationsgesetz (1994), S. 15 ff.; Schomerus/Schrader/Wegener. Umweltinformationsgesetz (1995), S. 1 ff. その他、この法律の内容の紹介として、Scherzberg, Freedom of information——deutsche gewendet : Das neue Umweltinfomationsgesetz, DVBl. 1994. S. 733 ff. ; Triaux, Das neue Umweltinformationsgesetz, NJW 1994, S. 2319 ff. ; Faber, Die Bedeutung des Umweltinformationsgesetzes für die Kommunalverwaltung, DVB1. 1995, S. 722 ff.

この法律及び前記のＥＣ指令について、詳しくは、山田洋「情報公開と救済」市原先生古稀記念・行政紛争処理の法理と課題一九七頁（本書第一章第二節）、同「ＥＣ環境情報公開指令とドイツ」比較法（東洋大学）三三号四五頁（本書第一章第一節）。

(7)　Vorschlag für eine Richtlinie des Rates über den freien Zugang zu Informationen über die Umwelt (von der Kommission vorgelegt), KOM (88) 484 endg. = ABl. Nr. C 335, S. 5 ff. = NVwZ 1989, S. 1039 f.

(8)　Stellungnahme des Wirtschafs- und Sozialausschusses, ABl. 1989, Nr. C 120, S. 231 ff.

(9)　Stellungahme des Europäisches Parlamentes, ABl. 1989, Nr. C 139, S. 47 ff.

(10)　このような指令の解釈について、たとえば、Triaux, Zugangsrechte zu Umweltinformationen nach der EG-Richtlinie 90/313 und dem deutschen Verwaltungsrecht (1995), S. 186 f.

(11)　このような限定解釈をとるものとして、たとえば、Schrader, Kostenerhebung für dem Zugang zu Umweltinformationen, ZUR 1994, S. 221 (225) ; Schomerus/Schrader/Wegener, aaO. (Anm. 6), S. 268 ff.

(12)　同法に対する消極的との評価を代表するものとして、Scherzberg, DVBl. 1994, S. 733 ff.

(13) Verordnung der Gebühren für Amtshandlungen der Behörden des Bundes beim Vollzug des Umwelt-infomationsgesetzes v. 7. 12. 1994. BGBl. I S. 3732 f.

(14) 州法の状況については、Schrader, ZUR 1994, S. 223 f.

(15) この点について、Fluck/Theuer, aaO. (Anm. 6), S. 4 f.

(16) Entwurf eines Gesetzes zur Umsetzung der Richtlinie 90/313/EWG des Rates v. 7. 9. 1990 über den freien Zugang zu Informationen über die Umwelt, BT-Drucksache 12/7138, S. 1 (15).

(17) 拒否処分について、手数料を減額する旨の規定がある。ただし、拒否処分自体の手数料を特別に定めておらず、通常の教示の手数料によるものと思われる。

(18) ノルトライン・ヴェストファーレン州の例について、Scherzberg, DVBl. 1994, S. 744 f.；Schrader, ZUR 1994, S. 224.

(19) Verwaltungskostengesetz v. 23. 6. 1970, BGBl. I S. 821 ff. ドイツにおける手数料のあり方一般については、Fluck/Theuer, aaO. (Anm. 6), S. 5 ff.

(20) Gesetzentwurf：Gesetz über den freien Zugang zu Informationen über die Umwelt, BT-Drucksache 12/5696, S. 1 ff.

(21) Änderungsantrags der Fraktion der SPD, BT-Drucksache 12/7583, S. 1 ff.

(22) たとえば、Schomerus/Schrader/Wegener, aaO. (Anm. 6), S. 260f.；Scherzberg, DVBl. 1994. S. 744 f.; Schrader, ZUR 1994, S. 225.；Turiaux, NJW 1995, S. 2323；Faber, DVBl. 1995, S. 728 f.

(23) 前注の諸文献を参照。

(24) たとえば、Schomerus/Schrader/Wegener, aaO. (Anm. 6), S. 268 ff.

(25) Scherzberg, DVBl. 1994. S. 744 f,；Faber, DVBl. 1995, S. 728 f.

(26) 両者の関係を強調する著名な裁判例として、大阪地裁平成元年三月一四日判決判例地方自治五五号一二頁。

（27）アンケート・前掲注（1）四九七頁。

（28）地方自治法による手数料及び実費徴収一般については、高田恒「分担金、負担金、使用料及び手数料に係る諸問題」奥田義雄編・実務地方自治法講座七（財務一）一六一頁。

（29）その実例も含めて、高田・前掲注（28）一七一頁。

（30）ドイツにおいても、情報公開による行政官の負担過重が心配されることについて、たとえば、Turiaux, NJW 1995, S. 2323. わが国におけるこうした声を代弁するものとして、たとえば、坂田期雄・まちづくりに市民の力（明日の地方自治6）一九五頁。

（31）東京都における閲覧手数料の算出方法について、やや詳しくは、東京都情報連絡室・前掲注（3）五九頁。公文書開示事務取扱要綱には、以下のとおりの定めがある。「一件名とは、事案決定手続等を一するものをいう。起案文書の場合は、公文書の一文書番号につき一件名とする。公文書の一部を開示する場合も、同様とする。なお、簿冊により管理されている公文書であっても、一事案決定手続等をもって一冊と数え一件名とする。ただし、帳票の類は、その内容、形態等により、個別具体的に判断するものとする。」

（32）実例を含めて、その不明確性を批判するものとして、第二東京弁護士会・前掲注（1）一一九頁。

（33）件数の数え方が一定しないことについて、アンケート・前掲注（1）五〇三頁。

（34）アンケート・前掲注（1）四九五頁。

（35）アンケート・前掲注（1）四九九頁。

（36）たとえば、環境情報公開法については、BT-Drucksache 12/7138, S. 2.

第二章　廃棄物管理

第一節　ドイツにおける「産業廃棄物」処理制度

一　はじめに

（1）　産業廃棄物に限らず、現代ドイツにおける廃棄物行政のトレンドは、いうまでもなく「リサイクル」[1]さらには「循環経済」である。このことは、連邦レベルの廃棄物法の名称の変遷からだけ見ても明らかである。一九七二年に制定された最初の廃棄物法は、「廃棄物除去（Beseitigung）法」[2]と名付けられており、その名の示すとおり、もっぱら発生した廃棄物を安全に除去することを目的としていた。また、その後の廃棄物問題の深刻化に対応して一九八六年に制定された改正法は、「廃棄物の回避（Vermeidung）および最終処理（Entsorgung）に関する法律」[3]と呼ばれ、とくに廃棄物の回避すなわち廃棄物を発生させないための様々な政令の制定権限を連邦政府に与えている。これによって、とくに一般廃棄物についてはデポジット制やデュアル・システムなどの多くの措置が制度化されており、それなりの効果を挙げていることはわが国でも広く紹介されているところである。[4]さらに、一九九四年、連邦議会を通過した新しい廃棄物法（施行は二年後）は、その名も「循環経済（Kreislauf-wirtschaft）の促進と廃棄物の環境親和的な除去の確保のための法律」[5]とされ、ここでは、再利用あるいは除去すべき全ての「廃棄物（Abfall）」をトータルに把握して、これらを出来るかぎり市場経済のサイクルの内部に留める方策をとる一方で、再利用の不可能なもののみを最終処理の対象とするという、より徹底した循環経済社会の実現を志向するものである。

こうした傾向は、ドイツ一国に限らず、EC全体に共通するものであり、EC自体も、一九七五年に発せられた廃棄物処理に関する理事会指令[6]を廃棄物抑制の方向で一九九一年に全面的に改定し[7]、その国内法化を加盟各国に命じている。すなわち、この九一年指令は、廃棄物への対策として、第一にその排出の削減や危険性の軽減、第二にその再利用、最後にその安全な処理という優先順位を明示して、加盟国に対し、これを実現するための適切な措置を実施し、これを一九九五年四月までに委員会に報告するように命じているのである。今回のドイツの廃棄物法の全面改正も、このEC指令の国内法化の側面を有しているわけである。

（2）もっとも、いかに廃棄物の回避のための制度を整備しても、廃棄物がゼロになるわけではない。たとえば、一般廃棄物の例ではあるが、先に触れたデュアル・システムによってかなりのプラスチック廃棄物が回収されているが、その再生技術が追い付かないため、その半分以上が廃棄され、はなはだしくは一部が国外に投棄されているとも言われる[8]。循環経済は、ひとつ間違うと、処理困難な廃棄物のみを濃縮する結果となりかねないのである。とくに、産業廃棄物等については、現状では、その減量化や再利用には技術的な限界の存在が否定できまい。現に、廃棄物の抑制措置によって、たしかに自治体が処理する一般廃棄物については減少の傾向がみられるものの、「産業廃棄物」については、現在のところ必ずしも減量化は成功していないとも言われる[9]。さらに、ドイツの経済状態の悪化によって、今後も企業が再利用等の費用の負担に耐え続けていけるか否かについても、必ずしも楽観は許されない。今なお、適正な廃棄物処理のための処理施設の確保が、わが国同様、ドイツにおいても急務となっているのである。

二　廃棄物処理施設の確保

(1)　さて、ドイツの廃棄物処理の基本的な法制度自体は、七〇年代から、さほど大きく変わってはいない。そもそも、ドイツにおいては、伝統的には、廃棄物処理は、市町村(Gemeinde)の事務とされ、各市町村が独自にこれを実施してきた。しかし、廃棄物問題への広域的な対処が必要となったことから、一九七二年の基本法改正により、これが連邦および州の競合的立法事項とされ、以後、連邦の廃棄物法を各州の廃棄物法が補完するという法体系となった。[10]したがって、その法制度は、各州ごとに微妙に異なることとなるが、基本的には以下のとおりである。

まず、一般の廃棄物(家庭系廃棄物およびこれと類似の事業系廃棄物)については、自治体(多くは郡・市・その連合体)が処理の責任を負う。これに対して、企業や公共施設から排出される廃棄物のうち、環境や健康などに危険を及ぼすもの等は、「特別廃棄物(Sonderabfall)[11]」と呼ばれ、排出者が処理の責任を負う。その種類は、政令[12]で定められており、現在三四〇種類(九〇年までは八四種類)が指定されているが、その指定範囲はともかく、[13]これがわが国における「産業廃棄物」に相当するものといえる。さらに、自治体は、量や性質によって一般廃棄物と共に処理することが適当でない廃棄物については、条例によって、その処理を事業者の責任とすることが許され、これが広い意味での特別廃棄物ということになる。狭義の特別廃棄物については、その排出事業者、収集及び運搬者、処理事業者に官庁への届出義務が課され、さらに、それぞれに廃棄物の種類や数量等を記録した帳簿等を保管する義務を負わせるなど、その排出から最終処理まで徹底した官庁による監督がなされる仕組みとなっている（広義の特別廃棄物についても、官庁の要求があれば帳簿等の保管義務が生ずる）。さらに、これらの特別廃棄物については、連邦政府によって極めて詳細な「特別廃棄物処理の技術基準（TA-Abfall）[14]」が作成されており、事業者自らもしくは処理施設において、これに沿った処理がなされることとなる。

（２）この廃棄物処理施設であるが、一般廃棄物については、様々な形での民営化がかなり進展しているものの、最終的には自治体が設置・運営の責任を負う。これに対し、特別廃棄物については、ほぼ全て民間企業の経営である（ただし、州政府などが出資している例もある）[15]。これらの施設の設置について、法が予定している手続は、以下のような極めて慎重かつ整然としたものである。まず、各州政府が地元自治体の意見を斟酌しながら州全体の将来の施設配置を定めた「廃棄物処理計画」を策定する[16]。その後、個別の施設についての計画が具体化してくると、施設の設置が地域の土地利用計画等に及ぼす影響を審査するための「国土整備手続[17]」が実施され、これが関係する諸官庁や自治体の利害調整の場として機能することとなる。また、近年、ＥＣの指令[18]を受けて制定された環境影響評価法[19]による環境影響評価も、この段階から実施される。ここで肯定的な結論が出ると、いよいよ最終段階の廃棄物法に基づく「計画確定手続」が開始されることになる[20]。

この手続は、通常の許認可手続と異なり、単に申請にかかる施設が廃棄物法所定の要件を満たしているか否かを判断するものではない。むしろこの手続は、環境影響評価を含めて、施設の設置によるあらゆる利害得失を比較検討し、それを相互に調整しつつ、施設設置の是非とその在り方を決定するという政策形成の場として位置付けられるものであり、それゆえに「計画」確定手続と呼ばれてきたのである。このため、施設設置のための全ての法的手続は、この手続に集約され、その場での総合的な決定に融合されることとなる（集中効）。さらに、利害の総合調整の前提として、この手続には、施設設置申請者、関係自治体、関係住民、関係官庁の参加が保障されている。手続は、申請者による計画及び関係書類の提出に始まり、書類の一般への縦覧、関係官庁の意見提出、関係住民等の異議申立て、口頭審理とつづき、最後に州政府機関が最終決定（計画確定決定または拒否決定）を下すこととなる。計画確定決定には、さまざまの付帯的な命令が付加されるほか、極めて詳細な理由が付されるのが通例である。ちなみに、施設設置に対する訴訟も、この計画確定決定に対する取消訴訟に一元化されることとなっている。

（３）　このような整然とした手続の存在にもかかわらず、あるいは、その存在ゆえに、廃棄物処理施設とくに特別廃棄物処理施設の設置は、遅々として進んでおらず、[21] すでに八〇年代前半から、その不足が指摘されてきている。既存の施設の多くは、近年中に満杯となるという。その原因は、第一に、開発の進展と設置基準の強化によって、処理施設の適地が客観的に少なくなっていることである。第二に、環境意識の高揚の結果、処理施設の設置には地元の住民や自治体の猛反対が常態化していることである。現在、廃棄物処理施設は、ポスト原子力発電所として、環境保護団体の主要な標的と化しているのである。その結果、まず、廃棄物処理計画は、事実上、その正式な決定が難しくなっており、制度の存在意義を疑う声すらあがる現状である。一方、国土整備手続と計画確定手続については、反対運動と規制の複雑化を反映して、長期化の一途をたどっており、計画具体化から運用開始まで、十数年を要する例も珍しくないという。

そこで、近年は、産業界や行政関係者を中心として、手続の促進を望む声が高く、最近では、先に述べた計画確定手続とくに環境影響評価の一部を簡略化することを認める廃棄物法の改正もなされている。すなわち、一九九三年五月より施行された「投資促進および宅地供給法」[22] によって廃棄物処理法が改正され、廃棄物埋立処理場の設置のみに計画確定手続を要することとなり、廃棄物焼却場など、その他の廃棄物処理施設の設置については、通常の工場などと同様のイムミシオン防止法による許可手続で足ることとされた[23]。施設の設置による諸利害の総合的な評価の場である計画確定手続と異なり、後者の許可手続においては、イムミシオン防止法所定の要件（主として排出基準との適合性）のみが審査されることとなるから、理論的には、後者の審査は、相当に簡素化されるはずである[24]。また、この法律により、一般に、前記の国土整備手続の段階での環境影響評価が省略できることとされるなど[25]、手続促進のための措置が立法化されたのである。もちろん、こうした方向に対しては、かえって住民の反発を招くとする意見もあり[26]、これが手続の促進にどれだけ役立つかは、なお、未知数といえる。冒頭に述べた廃棄物抑制の努力も、実はこうした処理施設の不足に対する危機感に多く由来していることに留意しなければならない。

三　国外処理の動向

（**1**）　このような処理施設の不足と規制の強化、さらには、それに伴う処理費用の高騰の結果、とくにドイツの特別廃棄物の処理は、国外に依存せざるをえなくなっている。八〇年代後半の段階では、じつに特別廃棄物の半分近くがこうした「廃棄物ツアー（Mülltourismus）[27]」によって処理されていたという。すなわち、一九八七年の統計[28]によると、当時の西ドイツにおいて発生した（狭義の）特別廃棄物二二一万トン余りのうち、国内で処理されたものは八二万トン余りに過ぎず、一〇五万トン余りは国外に「輸出」されている（残りの三三万トン余りは行方不明）。同年の西ドイツにおける一般廃棄物の輸出は、総量の三・五％

であったことと比べても、この数字は、特別廃棄物の処理の国外依存の高さを如実に示すものといえよう。

当時の最大の輸出相手国は、東ドイツであり、総量の約半分を占めていた。[29] とくに、東西国境に近いシェーンベルク（Schönberg）には、欧州最大といわれた西ドイツ用の特別廃棄物埋立処理施設があり、そこからの西ドイツ方面への汚水流出が大きな問題となった。[30] これに続く輸出相手国としては、フランス、ベルギー、オランダ、英国などがあった。第三世界への輸出は、当時から規制されており、統計には登場しないが、ベルギーやオランダを経由して、かなりの量が輸出されていたようで、[31] 南部アフリカにドイツの有害廃棄物が大量に投棄されていた例が有名である。もちろん、このほかに、有価物と偽って輸出される特別廃棄物など、統計に現れない違法な廃棄物輸出もありうるわけで、[32] 当時からドイツは、廃棄物の輸出大国として知られていた。さらに、廃棄物の輸出に準じる国外処理として、北海の公海上での特別廃棄物の焼却や投棄がかなり大規模に実施されてきたことも、ここで指摘しておかなければなるまい。[33]

（２）　もともと、西ドイツの廃棄物除去法は、廃棄物の輸入については一定の規制をしていたものの、その輸出については全く規定を欠いていた。しかし、化学工場の事故により汚染された土がイタリア国内から消えてフランスで発見されるという一九八二年の「セベソ（Seveso）事件」[34] を一つのきっかけとして、とくに有害廃棄物の越境移動の危険性に対する認識が西ドイツを含めた欧州諸国で高まることとなった。さらには、西ドイツの廃棄物輸出、とくに第三世界への廃棄物輸出の状況も、この頃から顕在化し、内外から批判を浴びることとなってきた。こうした中で、ＥＣは、一九八四年、「有害廃棄物の越境移動に関する指令」[35] によって、加盟国に対し、有害廃棄物の輸出を相手国の同意に係らしめる立法措置を命ずるに至ったのである。
こうした動きをうけて、西ドイツも廃棄物輸出の規制に乗り出すこととなり、一九八五年の廃棄物処理法の改正により、廃棄物の国内処理の原則を明文化する一方、輸出を含めた廃棄物の越境移動を許可制とした。[36]そして、この許可は、それが公益に合致し、廃棄物の取扱者に適格性がある場合にのみ与えられ、とくに輸出の許可については、国内処理が困難であること、適正処理についての相手国官庁の証明があること、処理によりドイツの公益を脅かさないこと、が要件とされる。ただし、相手国がEC加盟国である場合については、同法の委任を請けた政令により、その許可制度は、かなり簡略化されている。これによって、西ドイツの廃棄物輸出は、少なくとも従来の「野放し状態」からは脱したこととなり、多少の手直しを経つつ、今日に至っているのである。

もちろん、この廃棄物処理法による廃棄物輸出の規制は、あくまで「規制」であって「禁止」ではなく、これによって輸出が止まったわけではない。先に紹介した一九八七年の統計は、許可制が導入された後のものであることに留意すべきである。最近の統計が入手できないため、推測の域を出ないが、とくにEC加盟国に対する輸出は、相当程度、現在も続いているものと思われる。[37]むしろ、欧州の廃棄物の処理は、国際的なビジネスとして基盤の固めつつあるともみられ、[38]現在のところ、合法的な輸出の前提となる証明の発行を輸入国官庁が渋る状況にはなさそうである。また、燃料などの有価物と偽っての不法輸出もかなり報告されている。[39]もっとも、従来の廃棄物輸出の半分を占めていた東ドイツ向けは、ドイツ統一によって「輸出」としては姿を消したはずであるが、同時に旧東ドイツ地区においても厳しい基準にしたがった廃棄物処理が求められることとなった。したがって、旧東地区が従来どおりに旧西地区の廃棄物を受け入れ続けられる状況にはなく、その分が他国への輸出に向かう可能性も否定できない。[40]いずれにしても、国内の処理体制が整わないかぎり、廃棄物輸出は止まるはずもなく、廃棄物処理法の規定する国内処理の原則も空文化せざるをえないこととなる。

（3）　ただし、ドイツが将来も廃棄物とくに特別廃棄物の処理を国外に依存し続けられるか否かについては、必ずしも楽観を許されない。九一年の新たなＥＣ廃棄物指令は[41]、加盟国全体の自足的な廃棄物処理ネットワークの確立を求める一方、可能なかぎり近くの処理施設での廃棄物処理を求めており、廃棄物移動の規制を打ち出している。また、一九八九年に採択された有害廃棄物等の越境移動の規制に関する「バーゼル条約[42]」についても、ＥＣは、同年五月に署名し、一九九三年五月には、これを実施するため「廃棄物の越境移動の監視と規制のための規則[43]」を制定している。ドイツも、一九八九年十月に同条約に署名していたが、前記ＥＣ規則の制定をうけて、一九九四年九月、これと国内法との調整をはかるための「廃棄物の越境移動の監視と規制のための法律[44]」を制定するに至っている。この法律も、もちろん廃棄物輸出を全面的に禁止するものではないが、ＥＣとＥＦＴＡ加盟国以外への廃棄物輸出（再利用物を除く）を全面的に禁止するなど、従来より相当厳しい規制がなされることとなる。そもそも、ドイツ自身が建前としては廃棄物の国内処理の原則を掲げてきたわけで、依然として、その実現を迫る声は内外に強い[45]。なによりも、経済的な利益のために廃棄物の輸入を認めてきた諸国の処理能力にも限界があるわけであって、これらの諸国の国民感情から考えても、長期的に廃棄物処理に任せつづけられるとは考えにくい[46]。いずれにしても、ドイツの特別廃棄物の国外処理への依存は、不透明かつ不安定と評価せざるをえないであろう。

四　むすび

（**1**）　以上、見てきたように、リサイクル等による減量化は決め手を欠き、処理施設の設置は進まず、輸出による国外処理は先行き不透明、ということになると、ドイツにおける特別廃棄物の処理は、袋小路に入り込んでいるといわざるをえず、今後の見通しも明るいものではない。もちろん、こうした袋小路を脱出するための特効薬が存在するとは考えられない。国外処理に頼り続けることができないとすれば、おそらく、今後も法制度の工夫と技術の向上によって廃棄物の減量化を極限まで進める一方、地域住民の合意獲得のための新しい制度の確立[47]や処理技術の向上によって処理施設の増設を試みるといった地道な努力を続けていくしかあるまい。

(2) いうまでもなく、ここまで紹介してきたドイツの現状は、地球の裏側の他人事ではない。わが国における産業廃棄物処理の問題の深刻さも、周知のとおりである。ドイツの状況と比較するとき、わが国にとって救いとなるのは、国外処理への依存が体質化していないことぐらいではないか。リサイクル、処理施設の設置手続、廃棄物輸出の規制など、多くの面でドイツの法制度がわが国より相当に整備が進んでいることは明らかである[48]。それにもかかわらず、ドイツの現状が憂慮すべきものであるという事実は、わが国の将来に対する大きな警鐘であるといわなければなるまい。

さらに、廃棄物輸出の問題、国際的な製品のリサイクルの問題など、廃棄物問題は、もはや国際問題の様相すら呈している。廃棄物処理の規制についても、とくにＥＣによる規制は、いまや国際的な相場として理解すべきものであって、わが国の立場からは、これが経済競争条件の平準化の一環としても理解されていることにも注意しておく必要があろう。廃棄物管理に係わるものだけでも、環境影響評価[49]、環境情報公開[50]さらには環境監査[51]など、わが国の立法がＥＣに遅れをとっている局面は少なくなく、一つ間違うと、こうした環境政策の遅れは不公正貿易との非難すら浴びかねない状況にある。ドイツなどの各国の経験に学びつつ、今後のわが国も、廃棄物管理のための新しい法的仕組みを開発していくことを迫られているのである。

〔追記〕

本稿は、一九九四年六月に実施された九州法学会主催のシンポジウム「産業廃棄物をめぐる法システムの課題」における報告をもとに、これに加筆し、注を付した上で、一九九五年三月に西南学院大学法学論集二七巻四号に掲載したものである。したがって、これと前後して制定されたドイツ循環経済・廃棄物法については、簡単に触れるにとどまる。とりわけ、本稿において、わが国の「産業廃棄物」に対応するものとして用いた「特別廃棄物（Sonderabfall）」の概念は、新法の下では使われなくなりつつある。内容的には、同法四一条一項一文にいう「特別要監視廃棄物（Besonders überwachungsbedürftige Abfälle zur Beseitigung）」が、ほぼ従来の（狭義の）特別廃棄物に相当することとなる。これについては、Fritsch, Das neue Kreislaufwirtschafts- und Abfallrecht（1996）, S. 209 ff.

もちろん、当時と比較すると、ドイツの廃棄物事情もかなり変化している。廃棄物概念の変化などの過渡期にあるため、正確な統計は入手しにくいが、廃棄物処理施設の状況は、家庭廃棄物に関しては、デュアルシステムの本格化などによる減量化によって、一息ついていると伝えられるが、要監視廃棄物については、必ずしも楽観できない状況といえる。国外処理についても、バーゼル条約への対応により、状況は変化しつつあるが、とりわけEC内部における要監視廃棄物の輸出は相当に残っており、また、エネルギー利用名目の輸出なども少なくない模様である。ドイツにおける近年の廃棄物事情については、Umweltgutachten 1996 des Rates von Sachverständigen für Umweltfragen, BT-Drucksache 13/4108, S. 159 ff.；Umweltbundesamt, Daten zur Umwelt 1997（1997）, S. 425 ff. わが国における紹介として、田中勝ほか「ドイツ連邦共和国における産業廃棄物とその処理」産業廃棄物処理事業振興財団編・日米欧の産業廃棄物処理一三三頁。そのほか、ドイツおよびECの廃棄物法についての解説と翻訳を多く含むものとして、国際比較環境法センター編・主要国における最新廃棄物法制（別冊NBL四八号）一頁。

（1）　ドイツにおける廃棄物処理法制の展開については、Bender/Sparwasser, Umweltrecht, 2. Aufl.（1990）, S. 261 ff.；Kunig/Schwermer/Versteyl, Abfallgesetz, 2. Aufl.（1992）, S. 3 ff.

（２）　Abfallbeseitigungsgesetz v. 7. 6. 1972, BGBl. I S. 873 ff.

（３）　Gesetz über die Vermeidung und Entsorgung von Abfällen v. 27. 8. 1986, BGBl. I S. 1410 ff. 同法（一九九〇年当時）の翻訳として、山田敏之・横山潔訳「廃棄物の回避及び処理に関する法律（廃棄物法）」外国の立法三一巻三号五七頁。

（４）　ドイツのデュアル・システムなどについては、多くの紹介がなされているが、さしあたり、山田敏之「市場経済によるゴミの抑制とリサイクル――ドイツのゴミ政策――」外国の立法三一巻三号四五頁、田口正己＝竹下登志成・ドイツに学ぶごみリサイクル八頁。

（５）　Gesetz zur Förderung der Kreislaufwirtschaft und Sicherung der umweltverträglichen Beseitigung von Abfällen (Kreislaufwirtshaft- und Abfallgesetz) v. 27. 9. 1994, BGBl. I S. 2705 ff. 同法は、関連諸法の改正などともに、以下の法律の一部として成立している。Gesetz zur Vermeidung Verwertung und Beseitigung von Abfällen v. 27. 9. 1994, BGBl. I S. 2705 ff.

（６）　Richtlinie des Rates v. 15. 7. 1975 über Abfälle (75/442/EWG), ABl. Nr. L 194, S. 47 ff.

（７）　Richtlinie des Rates v. 18. 3. 1991 zur Änderung der Richtlinie 75/442/EWG über Abfälle (91/156/EWG), ABl. Nr. L 78, S. 32 ff.

（８）　田口＝竹下・前掲注（４）三三頁。

（９）　ドイツにおける「産業廃棄物」すなわち特別廃棄物の増加傾向を指摘するものとして、たとえば、Ebling, Beschleunigungsmöglichkeiten bei der Zulassung von Abfallentsorgungsanlagen (1993), S. 75 f.

（10）　Kunig/Schwermer/Versteyl, aaO. (Anm. 1), S. 3 f.

（11）　特別廃棄物の概念については、ドイツにおいても、多少の混乱があるが、この点について詳しくは、Kunig/Schwermer/Verstety, aaO, (Anm. 1), S. 94 f.; Bender/Sparwasser, aaO. (Anm. 1), S, 283 ff.

（12）　Verordnung zur Bestimmung von Abfällen nach §2 Abs. 2 Abfallgesetzes v. 3. 4. 1990, BGBl. I S.

614 ff.

(13) わが国の産業廃棄物は、政令によるものまで含めて一九種類に過ぎないが、ドイツの指定は物質単位であり、極めて細かいことから、指定の種類数だけを簡単に比べて、ドイツの指定範囲が十数倍も広いと考えることは誤りである。

(14) Zweite allgemeine Verwaltungsvorschrift zum Abfallgesetz (TA-Abfall), Teil 1 : Technische Anleitung zur Lagerung, chemisch/physikalischen, biologischen Behandlung, Verbrennung und Ablagerung von besonderes überwachtungsbedürftigen Abfällen v. 12. 3. 1991, GMBl. S. 139 ff.

(15) 廃棄物処理施設の設置主体については、Ebling, aaO. (Anm. 9), S. 62 ff.

(16) 廃棄物処理計画の制度について、詳しくは、山田洋・大規模施設設置手続の法構造二〇〇頁。その後の状況については、Herkommer/Wollenschläger, Standortwahl bei Müllverbrennungsanlagen, BayVBl. 1994, S. 129 (132 ff.).

(17) 国土整備手続について、詳しくは、山田・前掲注（16）二四〇頁。

(18) Richtlinie des Rates v. 27. 6. 1985 über die Umweltverträglichkeitsprüfung bei bestimmten öffentlichen und privaten Projekten (85/337/EWG), ABl. Nr. L 175, S. 40 ff.

(19) Gesetz üder Umweltverträglichkeitsprufung v. 12. 2. 1990, BGBl. I S. 205 ff. 同法は、関連諸法律の改正とともに、以下の法律の一部として成立した。Gesetz zur Umsetzung der Richtlinie des Rates der EG v. 27. 6. 1995 über die Umweltverträglichkeitsprüfung bei bestimmten öffentlichen und privaten Projekten v. 12. 2. 1990, BGBl. I. S. 205 ff.

(20) 計画確定手続一般については、さしあたり、山田・前掲注（16）一一五頁。廃棄物処理施設設置のための計画確定手続については、無数に文献があるが、近年の包括的な研究として、Kleinschnittger, Die abfallrechtliche Planfeststellung (1992), S. 31 ff. ; Harries, Die Praxis abfallrechtlicher Planfeststellung (1993), S. 114 ff.;

Ebling, aaO.（Anm, 9), S. 146 ff.; Kim, Rechtsprobleme bei der Zulassung von Abfallentsorgungsanlagen zur Ablagerung von Abfällen (1994), S. 87 ff.

(21) 廃棄物処理施設設置の遅延傾向については，山田・前掲注（16）二〇〇頁。さらに，Kleinschnittger, aaO. (Anm. 20), S. 26 ff.; Ebling, aaO. (Anm. 9), S. 267 ff.

(22) Gesetz zur Erleichterung von Investitionen und der Ausweisung und Bereistellung von Wohnbauland v. 22. 4. 1993, BGBl. I S. 446 ff.

(23) 同法による新たな廃棄物処理施設設置手続については，Müllmann, Die Zulassung von Abfallentsorgungsanlagen nach dem Investitionserleichterungs- und Wohnbaulandgesetz, DVBl. 1992, S. 637 ff.; Gaßner/Schmidt, Die Neuregelung der Zulassung von Abfallentsorgungsanlagen, NVwZ 1993, S. 949 ff.; Schenke, Kontrollerlaubnis im Abfallrecht, DöV 1993, S. 725 ff.; Kretz, Die Zulassung von Abfallentsorgungsanlagen, UPR 1994, S. 44 ff.; Thoma, Die Investitionserleichterungs- und Wohnbaulandgesetz, BayVBl. 1994, S. 137 ff.

(24) この点について，とりわけ，Schenke, DöV 1993, S. 733 ff.

(25) Thoma, BayVBl. 1994. S. 137 f. 国土整備手続における環境影響評価の省略の問題について，一般的には，Wagner, Umweltverträglichkeitsprüfung in der Bauleitplanung und im Raumordnungsverfahren, DVBl. 1993, S. 583 ff.

(26) たとえば，Gaßner/Schmidt, NVwZ 1993, S. 950 f.

(27) ドイツにおける廃棄物輸出について，一般的には，Bender/Sparwasser, aaO. (Anm. 1), S. 259 f.; Kleinschnittger, aaO. (Anm. 20), S. 27 ff.; Harries, aaO. (Anm. 20), S. 52 ff.

(28) Sondergutachten des Rates von Sachverständigen für Umweltfragen, „Abfallwirtschaft", BT-Drucksache 11/8493, S. 152 f.

(29)　八八年の輸出相手国の統計として，Antowort der Bundesregierung auf Kleine Anfrage, „Sondermüll", BT-Drucksache 11/6134, S. 11 ff.

(30)　Bender/Sparwasser, aaO. (Anm. 1), S. 259.

(31)　Bender/Sparwasser, aaO. (Anm. 1), S. 260. 第三世界への廃棄物輸出については，さらに，Kunig, Rechtsfragen der Abfallausfuhr in die Dritte Welt, NuR 1989, S. 19 ff.

(32)　Harries, aaO. (Anm. 20), S. 53.

(33)　公海上での廃棄物処理については，Bender/Sparwasser, aaO. (Anm. 1), S. 260 f.；Kunig/Schwermer/Versteyl, aaO. (Anm. 1), S. 415 f.

(34)　Kunig/Schwermer/Versteyl, aaO. (Anm. 1), S. 405.

(35)　Richtlinie des Rates v. 6. 12. 1984 über die Überwachtung und Kontrolle—in der Gemeinschaft—der grenzüberschreitenden Verbringen gefährlicher Abfälle (84/631/EWG), ABl. Nr. L, S. 326 ff. この指令は，以後，何度か改正されて現在に至っているが，その点を含めて，ＥＣの廃棄物の越境移動への対応については，v. Wilmowsky, Grenzüberschreitende Abfallentsorgung：Ressourcenkonflikt im gemeinsamen Markt, NVwZ 1991, S. 1 ff.

(36)　現在の廃棄物輸出の法制度について，詳しくは，Kunig/Schwermer/Versteyl, aaO. (Anm. 1), S. 400 ff.

(37)　Kleinschnittger, aaO. (Anm. 20), S. 28 f.

(38)　この点について，Schenkel, Die Planung der Abfallwirtschaft, in：Hoppe/Appold (Hrsg.), Umweltschutz in der Raumplanung (1990), S. 132 (136 ff.).

(39)　Harries, aaO. (Anm. 20), S. 53.

(40)　統一後の旧東ドイツにおける廃棄物処理の現状と廃棄物の東西移動に関しては，Antwort der Bundesregierung auf die Klein Anfrage, „Mülltourismus in Deutschland", BT-Drucksache 12/2354. S. 1 ff.

(41) Richtlinie des Rates v. 15. 7. 1975 über Abfälle (75/442/EWG), ABl. Nr. L 194, S. 47 ff.

(42) 「バーゼル条約」については、さしあたり、松隈潤「環境関連条約としてのバーゼル条約について」西南学院大学法学論集二七巻二号八一頁。

(43) Verordnung (EWG) Nr. 259/93 des Rates v. 1. 2. 1993 zur Überwachtung und Kontrolle der Verbringung von Abfällen in der, in die und aus der EG, ABl. Nr. L 30, S. 1 ff. この規則の詳細な解説として、Winter, Die neue Abfallverbringunges-Verordnung der EG, UPR 1994, S. 161 ff.

(44) Gesetz über die Überwachtung und Kontrolle der grenzüberschreitenden Vebringung von Abfällen (Abfallverbringungsgesetz) v. 30. 9. 1994, BGBl. I S. 2771 ff. 同法は、廃棄物越境移動の許可制などを定めた従来の廃棄物処理法の規定の削除など、関係諸法の改正とともに、以下の法律の一部として成立している。Ausführungsgesetzes zu dem Basler Übereinkommen v. 22. 3. 1989 über die Kontrolle grenzuüberschreitenden Verbringung gefährlicher Abfälle und ihrer Entsorgung (Ausführungsgesetz zum Basler Übereinkommen) v. 30. 9. 1994, BGBl. I S.277 ff.

(45) 国内処理の原則を詳細に検討し、その実現を主張するものとして、Eisberg, Der Grundsatz der Abfallentsorgung im Inland (1991), S. 1 ff.

(46) 国外処理の将来に悲観的な見通しを示すものとして、たとえば、Kleinschnittger, aaO. (Anm, 20), S. 28 f.

(47) 制度改善のための提案として、たとえば、Kleinschnittger, aaO. (Anm. 20), S. 222 ff.；Ebling, aaO. (Anm. 9), S. 267 ff.

(48) わが国とドイツの廃棄物処理の法制度の詳細な比較を含む論文として、阿部泰隆「廃棄物処理法の改正と残された法的課題（一）～（七完）」自治研究六九巻六号から七〇巻二号まで連載。

(49) Richtlinie des Rates v. 27. 6. 1985 über die Umweltverträglichkeitsprüfung bei bestimmten öffentlichen und privaten Projekten (85/337/EWG), ABl. Nr. L 175, S. 40 ff.

(50) Richtlinie des Rates v. 7. 6. 1990 über den freien Zugang zu Informationen über die Umwelt (90/313/EWG), ABl. Nr. L 158, S. 56 ff. この指令については、山田洋「情報公開と救済」市原先生古稀記念・行政紛争処理の法理と課題一九七頁（本書第一章第二節）。

(51) Verordunug (EWG) Nr. 1836/93 v. 29. 6. 1993 über die freiwillige Beteiligung gewerblicher Unternehmen an einem Gemeinschaftssystem für das Umweltmanagement und die Umweltbetriebsprüfung, ABl. Nr. L 168, S. 1 ff.

第1節　ドイツにおける「産業廃棄物」処理制度

第二節　廃棄物と有価物

一　はじめに

(1)「捨てればゴミ、生かせば資源」という有名な標語があるが、この言葉も示すとおり、なにが「ゴミ」であるかは、日常用語としても、必ずしも判然としない。たとえば、おなじ読み終わった書物であっても、これを古書店に売るのであれば「ゴミ」でなく、ゴミの収集に出せば「ゴミ」であろう。それでは、リサイクルのための古紙回収に出した場合はどうであろうか。こうした場合、「ゴミ」の再利用であるともいえそうであるし、そもそも、こうした古紙は、紙の原料であって、「ゴミ」ではないともいえそうである。

日常用語の場合は、単なる言葉の問題であるが、このような不明確さは、法令上の用語である「廃棄物」の意味にもつきまとう。すなわち、「廃棄物の処理及び清掃に関する法律（廃掃法）」において、「廃棄物」の概念は、この法律の規制の及ぶ範囲を決する最も基本的な概念である。たとえば、ある物がこれに該当すれば、これをみだりに捨てると罰せられ（同法一六条、二七条二号）、その収集、運搬等には許可を要する（七条など）こととなる。さらにいえば、この「廃棄物」の概念によって、「廃棄物」行政の土俵が設定されることとなるのである。

しかし、廃掃法によって、その意味内容が十分に明確化されているとはいいがたい。(1)

(2)　すなわち、廃掃法二条一項によれば、「廃棄物」は、「ごみ、粗大ごみ、燃え殻、汚泥、ふん尿、廃油、廃酸、廃アルカリ、動物の死体その他の汚物又は不要物」であると定義されている。このうち「ごみ」以下は例示であるから、結局、「汚物又は不要物」が「廃棄物」ということとなる。そして、これについては、厚生省の解説(2)によれば、「占有者が自ら、利用し、又は、他人に有償で売却することができないために不要となった物」をいうものとされている。要するに、他人に売れない物、すなわち「無価物」が「廃棄物」であり、他人に売れる物、すなわち「有価物」は「廃棄物」ではないと解されてきたのである。(3)

このような「無価物」のみを廃棄物であるとする解釈は、おそらく、廃掃法の立法目的を背景にして出来上がってきたものであろう。すなわち、廃掃法の伝統的な立法目的は、平成三年改正までの同法一条が「廃棄物の適正な処理」と定めていたことからも明らかなように、物が不適正に投棄されることによって公衆衛生等に危険を及ぼすことを規制することにあった。この場合、売れる物（有価物）を占有者が投棄することは考えにくいから、不適正な投棄の危険があるのは売れない物（無価物）であり、これを規制の対象とすれば十分であると考えられたのであろう。反面、有価物についての所有権は保護の対象となるものであり、これに対する規制には困難が伴うという事情もあったであろう。

(3)　しかし、このような「廃棄物＝無価物」という解釈あるいは運用は、次第に現実と適合しなくなりつつある。まず、物が売れるか売れないかは、市況にも左右され、有価物と無価物の区別は、必ずしも単純ではない。結局、占有者が再利用すると主張する物は、有価物と扱われ、廃掃法の規則を免れることとなりがちである。その結果、本来は「廃棄物」として規制を受けるべき物について、有価物との名目で無許可で運搬し、これを不法投棄したり、不適正な保管をする者が現れることとなるなど、有価物の名目が廃掃法に対する脱法行為の隠れ蓑として利用されることとなるのである。とくに、近年では、不法投棄の防止のため、マニフェスト制度の導入など、排出から処理までを一貫して規制する傾向があるが、有価物の名目で排出段階で規制を免れる部分が出てくると、制度は有効に機能しなくなる恐れもある。このように、不適正な投棄の防止という伝統的な立法目的の実現の観点からも、無価物のみを「廃棄物」するという運用には不都合が指摘されている。[4]

さらに、いうまでもなく、現代における「廃棄物」行政の課題としては、その不適正な投棄の防止に留まらず、その減量化やリサイクルの促進が重視されるようになり、「リサイクル社会の実現」などの標語が叫ばれることとなっている。現行の廃掃法一条も、その目的として、「廃棄物の排出を抑制」することやその「再生」を掲げている。こうした目的の実現のためには、従来のような処理されるべき無価物のみを法の規制対象とするのでは不十分であり、処理されるべき無価物と再利用されるべき有価物とを問わず、生産や生活からの排出物全体をトータルに把握し、その減量化を図る一方、排出物については出来るかぎり再利用し、残りを処理するという法システムの構築が目指されなければならない。[5]そのためには、従来の「廃棄物＝無価物」という土俵は、あまりにも狭すぎることは明らかであろう。「廃棄物」概念の再検討が急がれる所以である。

(４)　さて、類似の状況は、他の先進国にもみられる。リサイクルなどの先進国としてわが国でも紹介されることの多いドイツ[6]においても、従来は、廃棄物法における「廃棄物（Abfall）」の概念については、判例などにより、リサイクルなどに使われる「有価物（Wirtschaftsgut）」を含まないと解釈されてきた。しかし、有価物を含むこととされているＥＣ法の廃棄物概念との齟齬があること、わが国と同じような現実の不都合が生じてきたこと、などから批判もあり、次第に有価物を含むものと解される傾向が出てきていた。そして、一九九四年、旧廃棄物法を全面改正して制定された「循環経済・廃棄物法[7]」においては、徹底した循環経済（Kreislaufwirtschaft）すなわちリサイクル経済の実現に向けて、除去されるべき廃棄物と再利用されるべき廃棄物（無価物と有価物）を統合した新たな廃棄物の概念が採用されるにいたったのである。

廃棄物法制の整備のためには、個別のリサイクル制度などの検討も急務であろうが、その前提として、様々な制度を機能的にリンクさせるための枠組みの設定も重要であると思われる。また、近年の廃棄物法制においては、国際的な調整も必要となってきつつあるが、ここでも枠組みの調整がなされないと、無用の摩擦が生ずることともなりかねない。こうした観点から、以下、ドイツの廃棄物の概念の動向、とくに有価物の取扱いについて、紹介・検討を試みることとしたい。

二　従来のドイツ法

（**1**）　ドイツにおける連邦レベルの廃棄物立法[8]は、一九七二年の「廃棄物除去（Beseitigung）法[9]」に始まる。この法律は、市町村ごとに実施されてきた廃棄物の除去によって、地域の環境が汚染されるなどの問題が表面化してきたことを受けて、その名のとおり、もっぱら発生した廃棄物の安全な除去を目的として立法化されていた。その後、廃棄物問題の一層の深刻化を背景として、発生した廃棄物を単に除去するだけではなく、これを減量化または再利用することの必要性が叫ばれることとなり、一九八六年の法律改正によって、「廃棄物の回避（Vermeidung）および処理（Entsorgung）に関する法律[10]」に衣替えされることとなったのである。この法律においては、廃棄物の回避に関する連邦政府の命令制定権限が認められるなど、廃棄物の回避や再利用に関する規定がおかれ、これに基づいて多くの施策が実施されてきた。[11]

この間、法律による規制の対象となる「廃棄物（Abfall）」の定義については、基本的な改正はなされていない。すなわち、一九八六年法は、一条一項冒頭において、「本法にいう廃棄物とは、その占有者が処分する（entledigen）ことを意図し、あるいは公共の福祉とくに環境保護のために適正な処理（Entsorgung）が必要とされる動産（bewegliche Sachen）をいう」と定義しており、一九七二年法も、ほぼ同一の文言であった。一般に、その前段は、占有者の処分する意図が要件となるため「主観的（subjektiv）廃棄物概念」と呼ばれ、後段は、客観的な危険性が要件となるため「客観的（objektiv）廃棄物概念」と呼ばれる。[12]

（**2**）　まず、前段の主観的廃棄物すなわち占有者が処分することを意図する物については、そこで意図されるべき「処分する（entledigen）」ことの意味が問題となる。これについては、少なくとも一九七二年法の制定当時は、その法律の制定目的が廃棄物の「除去」であったことを受けて、焼却や埋立といった狭い意味での「除去」を意味するものと一般に解され、こうした目的のために占有を放棄することが「処分する」ことであると解されていた。逆にいうと、再利用や原料化などの対象とされる物は、「廃棄物」には該当しないことが当然視されていたのである。[13]

この再利用の対象物などを廃棄物から除外する解釈は、再利用の促進等を立法目的に掲げる一九八六年法にも引き継がれることとなる。もちろん、この法律には、「廃棄物の再利用」という観念が登場し（一ａ条など）、一見、これは前記の解釈と矛盾するようにも見える。その整合性を確保するため、廃棄物の定義の一定の拡大がなされ、冒頭の定義に続けて一条一項二文が挿入され、廃棄物処理の義務を負う自治体等に引き渡された物は、それが再利用される場合でも、それまでは廃棄物として扱うこととされた。[14]　これによって、たとえば、古紙を自治体が廃棄物回収の一環として分別収集した場合など、従来は「処分」の意図が否定され、廃棄物ではないと解されがちであったものが、廃棄物に含まれることとなり、その再利用が廃棄物法の視野に入ってくることとなった（可能なかぎり再利用が義務付けられている）。反面、この新条項の適用範囲は、自治体等による回収に限られており、その反対解釈として、たとえば民間業者に再利用等のため引渡された物は廃棄物ではないということとなり、一般的には、むしろ再利用等の対象物は廃棄物には該当しないという解釈が定着することとなった。(15)

そもそも、こうした占有者の意図を基準とする主観的な廃棄物の概念には、不明確性や脱法行為の危険性がつきまとう。結局のところ、占有者が再利用の意図を主張すれば、廃棄物法による規制を免れることとならざるをえない。たとえば、業者に引取り料が支払われている場合であっても、当然に「処分」の意図が認定できるわけではないとするのが判例であった。とりわけ、その引取り料が処分場での処分費用を下回る場合などについては、これを廃棄物として扱うことはできないとされるのである。(16)結果的には、多くの不要物が再利用等の名目によって廃棄物法の規制の網からこぼれ落ち、場合によっては不適正な管理や処分がなされることとなっていたのである。(17)

(3)　本来、このような不適正な管理や処分は、占有者の意図とは無関係に、もう一つの「客観的廃棄物概念」によって廃棄物法の規制対象に取込まれるはずであった。すなわち、後段の定義により、公共の福祉とくに環境保護の確保のために適正な処理を要する物については、占有者の意図とは関わりなく「廃棄物」とされ、法の規制が及ぶこととされているのである。しかし、この客観的概念についても、従来から、立法目的に由来する一定の絞りがかけられてきた。

すなわち、この客観的な意味での廃棄物に該当するためには、その物が危険性を有するだけでは不十分であり、それが不適正に処理される恐れがなければならないとされる。このことから、判例上、少なくとも再利用や原料化のために売却することが可能な市場価値を有する「有価物（Wirtschaftsgut）」[18]については、売却できる物が投棄などをされることはありえないとして、客観的な廃棄物には該当しないとされてきたのである。[19]この結果、たとえ危険物であっても、有価物であるということになれば、他の危険物の取締法規はともかく、廃棄物法の規制対象とはならないと解されてきたわけである。

この有価物は廃棄物ではないという判例理論は、近年では、どちらかというと制限的に適用される傾向が見られるようであるが、判断枠組としては、なお維持されている。たとえば、連邦行政裁判所一九九三年六月二四日判決[20]は、原料という名目で大量に野積みされていた古タイヤについて、発火の危険があり市場価値はないとして、客観的廃棄物に該当し、これに対する処理命令は適法であるとしている。また、同日の判決[21]でも、未分別のまま埋立材料として使用された建築廃材について、危険物が混入している可能性が高く、やはり市場価値がないとして、廃棄物と認めている。いずれの事例においても、結果的には有価物ではないと認定されているものの、有価物であることが廃棄物としての処理を要しないことの指標であることが強調されている。

（**4**）　結局、従来のドイツにおいては、再利用の対象物については、処分の意図が否定されて「主観的廃棄物」となる余地を否定され、それが有価物ということとなれば、たとえ危険物であっても不適正処理の恐れがないとして、「客観的廃棄物」ともならないと解するのが一般的であったのである。そして、こうした取扱いが脱法行為の温床となりがちなことも、いうまでもない。ドイツにおいても、とくに「特別廃棄物（Sonderabfall）」（わが国の「産業廃棄物」に相当する）については排出者自身の処理責任が課されているため、処理基準の強化などによる処理費用の高騰も手伝って、再利用対象物もしくは有価物の名目で廃棄物法の規制とくに処理責任を免れようとする動きが目についてきた[22]。

一方、ある物が有価物もしくは再利用対象物に該当するか否かの判断は、必ずしも容易ではない。その結果、「廃棄物」への該当性が行政裁判や刑事裁判によって争われる例が多くなってきた[23]。ついには、連邦通常裁判所が一九九〇年と翌年の刑事判決[24]において、再利用対象物をも廃棄物に含ませる見解を示すまでに至っていた。また、実際の廃棄物行政を担当する州や自治体の運用によって、地域毎の相違が目だってくることともなり、業者間の競争上の問題なども生ずることとなってきた[25]。このような状況を背景として、従来の「廃棄物」の限定的な解釈を前提とする実務は、しだいに行き詰まりを露呈してきたといえる。

さらに、狭義の「除去」あるいは「処分」の対象物のみを包含する従来の「廃棄物」概念は、いわば「使捨て社会の廃棄物概念」であると指摘されているように[26]、廃棄物の回避や再利用を前面に押し出した一九八六年法の仕組みとも、必ずしも適合しなくなっている。たとえば、同法の目玉ともいうべき「デュアル・システム」の対象物たるプラスチック容器など自体は、現実には多くが廃棄されているとはいえ、再利用のために業者によって回収されているため、厳密には「廃棄物」ではない。この制度は、「廃棄物の回避」のための措置ということで、かろうじて廃棄物法の視野に入り、同法一四条二項による委任命令の対象となりうるのである。再利用等を排出者に義務付けるといった方向を推進する上で、再利用対象物や有価物が「廃棄物」に該当せず、廃棄物法の直接の規制対象とならないという現状は、いかにも不都合であろう[27]。

こうした点を踏まえて、一九八六年法制定の当初から、従来の廃棄物概念の狭さを批判し、再利用対象物なども「廃棄物」に包含せしめるべきであるという主張が、解釈論あるいは立法論として有力化してくることとなった[28]。すでに連邦イムミシオン防止法五条一項三号は、同法の規制対象となる工場等の営業者の義務として、再利用対象物等を含む「残余物（Reststoffe）」を回避し、再利用し、残りを適正に「廃棄物（Abfall）」として除去すべきことを命じていた。(29)「使捨て社会」からの脱却のためには、このような包括的なシステムの構築とそれに適合した廃棄物概念の再検討が急がれることとなったのである。

三　EC法

（1）ドイツにおける廃棄物概念の再検討を促した事情は、これまで見てきたような国内事情のみにとどまらない。むしろ、その原動力となったのは、EC法の圧力であった。(30)すなわち、国境を越えた廃棄物処理が当り前に実施されてきたという事情を背景として、廃棄物政策は、早期からECの環境政策の大きな柱となってきた。(31)ECの環境政策に関する条約上の根拠が正式に明文化されるのは、一九八六年の「単一欧州議定書」によるが、はるかに以前の一九七五年、すでに「廃棄物に関する理事会指令」(32)が出されている。以後、多くの廃棄物関係のEC法が登場し、ドイツの廃棄物法制もそれへの対応に追われてきた。(33)こうした状況は、廃棄物の概念(34)の立法化にも顕著に現れている。

さて、一九七五年指令は、加盟各国に対して、廃棄物の適正な処理体制の整備、たとえば廃棄物処理計画の策定、処理業や処理施設の許可の制度化、運搬等の監視などを義務付けるものであった。そこでは、「廃棄物（Abfall/waste）」は、「占有者が処分し（entledigen/dispose）、もしくは加盟国の規定により処分しなければならない物質又は物体」（一条a号）と定義されている。ドイツ風にいえば、前段が主観的廃棄物、後段が客観的廃棄物ということになり、客観的廃棄物の範囲が加盟国の国内法に委ねられているほかは、一見、ドイツ法の定義と類似している。したがって、ここでもドイツ法と同様の再利用対象物や有価物を除外する解釈が成り立ちそうである。

（2）　しかし、子細に比較すると、両者には差異がある。すなわち、指令においては、前記の廃棄物に続いて、「処理（Beseitigung/disposal）」が定義されており、これに再利用等が含まれることが明文化されている（一条b号）。そして、「処理」について、a号とb号との間で、ドイツ語の条文においては全く別の用語（entledigen/Beseitigung）が用いられているものの、英語においては、動詞型と名詞型の違いがあるのみで、同じ用語（dispose/disposal）が用いられているのである。そうであるとすると、この両者は同一の意味であると解するのが自然であることになる。結局、指令一条a号による主観的廃棄物については、再利用等の意図も「処理」の意図に含まれ、占有者により再利用等に供されたものも「廃棄物」に含まれると解すべきこととなるであろう。(35)

もっとも、この点については、必ずしも加盟各国の共通の理解とはなっていなかったようで、ドイツを含めて、各国で争いの対象となり続けてきた。しかし、欧州裁判所は、一九九〇年三月二八日の判決(36)において、再利用対象物なども廃棄物に含まれる旨を明確化するに至ったのである。事件は、イタリアの刑事事件であり、前記指令及び「一九七八年有害廃棄物指令」（廃棄物概念は基本的に同一）の実施のための大統領令に違反して無許可で廃棄物を輸送したとされる業者が起訴されたものである。再利用対象物の輸送であり指令に違反しないとする業者の主張について、国内裁判所から指令の解釈を求められた欧州裁判所は、両指令の廃棄物概念には再利用対象物も含まれ、これを含まないとする加盟国の廃棄物概念は指令に違反する旨を明言している。

（3）　ただし、当時の廃棄物指令は、客観的な廃棄物概念については、各国の国内法に委ねており、その範囲においては、国内的に有価物などを除外する解釈も残らないわけではなかった。しかし、一九九一年、廃棄物指令は、廃棄物の回避や再利用を強調する方向で全面改正され[37]、「廃棄物」も新たに定義し直されることとなった。一九九一年指令一条ａ号によると、廃棄物とは「付表一に掲げる群に該当するもので、占有者が処分し（entledigen/discard）、処分を意図し、処分すべき全ての物質又は物体」とされたのである。このうち、「付表一」は、現在のところ、極めて包括的で、「その他の全ての物質又は物体」という一般条項まであるため、「廃棄物」を限定する機能は有しない[38]。したがって、「処分し、処分を意図し」が主観的廃棄物、「処分すべき」が客観的廃棄物ということとなる。

定義のスタイルはやや変わったものの、この「処分」が再利用等を含むことは、もはや当然視されている[39]。注目すべきことは、客観的廃棄物を国内法で決めることができなくなったことである。これについても、ＥＣ法の観点から、統一的に決せられることとなるわけである[40]。この結果、客観的廃棄物についても、ドイツは、有価物を含まないといった独自の概念に固執することは不可能となったのである。この問題については、長年、欧州裁判所を舞台として、ＥＣの委員会（Kommission）とドイツ政府の間でも争われてきたが、ついに一九九五年五月一〇日判決[41]において、有価物を廃棄物の範囲から除外するドイツ法はＥＣ指令に違反するとの判断も下されるに至っている。

（**4**）　もっとも、ＥＣの廃棄物指令は、あくまでも「指令（Richtlinie/directive）」の形式で発せられているため、それに沿った国内法化の義務が加盟国政府に課されるに過ぎず、直接に国内法に影響するわけではない。廃棄物の範囲についても、これまで見てきたようなＥＣ法とドイツ法の食い違いがあっても、ドイツ政府に条約上の問題が生ずるに留まるともいえなくはない[42]。しかし、いわゆるバーゼル条約のＥＣ域内およびドイツ国内での実施によって、こうした事情は大きく変化することとなった。

すなわち、一九九八年三月に採択された「有害廃棄物の国境を越える移動及びその処分の規制に関するバーゼル条約[43]」については、同月にEC自体が署名し、これに参加している（ドイツも、同年一〇月、個別に署名）。この条約を域内に実施するため、一九九三年二月、EC理事会は、「廃棄物の越境移動の監視と規制のための規則[44]」を制定した。この規則は、バーゼル条約自体が有害廃棄物のみを規制対象としているのと異なり、原則として全ての廃棄物を規制の対象としている。そして、そこでの「廃棄物（Abfall/waste）」の定義については、先の廃棄物指令の定義をそのまま引用しているのである（二条a号）。

ここで注目すべきは、このEC法が「規則（Verordnung/regulation）」の形式で制定されていることである。一般に、「指令」が加盟国の立法措置によって初めて国内法としての効力を獲得するのと異なり、「規則」は直接に国内法としての効力を有する[45]。この廃棄物越境移動規制規則も、公布の一五カ月後、すなわち一九九四年五月六日から、当然にドイツを含めた加盟国の国内法として効力を持つこととされていたのである。その結果、この規定の発効時以降は、廃棄物の概念についても、越境移動規制については有価物を含むEC型の概念がドイツ国内法として適用され、これと廃棄物規制一般についての有価物を含まない従来からのドイツ型の概念とが並存するということとなる[46]。こうした事態を回避するためには、廃棄物法の廃棄物概念をEC型に合わせて調整することが不可避となったのである。

四　ドイツ循環経済・廃棄物法の登場

（1）　このような状況を背景にして、ドイツ連邦政府は、すでに九〇年代初頭から、廃棄物法改正の準備作業に着手していたが、一九九二年に政府案を策定し、翌年四月、連邦参議院に提案した。[47] この新法案は、その名も「省廃棄物型の循環経済（Kreislaufwirtschaft）の促進と廃棄物の環境親和的な処分の確保に関する法律（循環経済・廃棄物法）」[48]とされ、徹底的なリサイクル社会の実現を志向する野心的な内容を持つものであった。すなわち、生活や生産から生み出される残余物をトータルに把握し、その排出を最小限に押さえるとともに、これらを可能なかぎり市場経済のサイクルの中に留め、さらに、再利用の不可能なもののみを安全に除去するという新しいシステムが志向されている。このため、残余物の排出者の責任が、その回避、再利用、さらには処理のいずれの面でも、大幅に強化されることとされていた。

こうした目的を実現するため、廃棄物の概念についても、再利用対象物や有価物を含めてEC法との整合性を確保するという年来の懸案の解決を越えて、循環経済の実現に向けた斬新な概念が採用されていた。すなわち、法の規制対象としては、新たに「残余物（Rückstände）」の概念が包括する（三条一項）。この「残余物」は、おおよそ、(1)工場等の生産などから排出されたもので、操業の目的でないもの、(2)物質の採取や使用やサービスの提供などから排出されたもので、その活動の目的でないもの、(3)目的にかなった使用が為されなくなったもので、新たな使用目的のないもの、(4)処理や再利用のために収集されたもの、(5)土壌改良により排出されたもの、とされる。要するに、目的外で生み出されたもの、本来の目的が失われたものは、包括的に、「残余物」として法の規制対象とされているのである。

さらに、同法案では、この「残余物」の下位概念として、「二次原料（Sekundärrohstoffe）」と、「廃棄物（Abfälle）」が用いられていた。すなわち、法定の基準にしたがって再利用（verwerten）されるべき「残余物」が「二次原料」であり（三条二項）、こうした物については、利用の義務が課されることとなる。そして、こうした再利用ができない「残余物」が「廃棄物」とされ（三条三項）、埋立や焼却などの処理にふされることになるわけである。

ここでは、「残余物」にしても「廃棄物」にしても、その物のあり方から客観的に判断されることとなり、そこに占有者の意図が持ち込まれる余地はない。いいかえれば、従来のドイツ廃棄物法やＥＣ指令における「主観的廃棄物概念」は、完全に放棄されているのである。(49) 同時に、有価物や再利用対象物も、「二次原料」として、法の規制対象たる「残余物」に包含されることは明らかであり、「残余物」全体が行政庁による監督の対象となる（三九条）。もちろん、運搬や施設の設置が許可等の対象とされているのは「廃棄物」のみであるが、「二次原料」については、法定の再利用が義務付けられ、その観点からの監督等の対象となるわけであるから、(50) これが脱法行為の隠れ蓑になることはありえないこととなる。

（２）　しかし、この政府案は、連邦参議院の激しい反対に直面することとなった。(51) 政府案全体に対する参議院の反対理由は多岐にわたるが、廃棄物の概念に関しては、ＥＣ法の廃棄物概念と異なった概念を用いるべきではないとするのが基本的な反対理由である。(52) 政府案の残余物あるいは廃棄物の概念は、有価物を取り込むなど、内容的にはＥＣの廃棄物概念と矛盾するとまではいえないものの、ＥＣと異なった定義を用いることは混乱を招く恐れがあり、ＥＣの概念をそのまま踏襲すべきであるとするのが、参議院の意見であった。(53)

この修正意見に対して、連邦政府は同意せず、一九九三年九月、それへの反論を付した政府案を連邦議会に提案する。(54) ここでは、政府案の廃棄物概念がＥＣ法の解釈の範囲を逸脱しないこと、「二次原料」と「廃棄物」を区別する用語法により再利用促進の心理的効果が期待できること、などが強調されている。(55) その後、連邦議会を舞台とする審議が続けられ、一九九四年四月、連邦議会は、政府案を修正可決した。しかし、これについても参議院は同意を拒み、廃棄物法改正の問題は両院協議会（Vermittlungsausschuß）の場に持ち出されることとなる。この両院協議会で妥協が成立し、同年六月二四日に連邦議会が、七月八日に参議院がこれに同意し、「循環経済・廃棄物法」[56]は、ようやく成立することとなった。[57]ちなみに、その公布は、九月二七日、施行は、その二年後（一九九六年九月）になる。

（3）さて、両院協議会での妥協の産物として成立した新法[58]は、そこにおける廃棄物の概念においても、連邦政府案と参議院案との折衷としての性格を残している。[59]基本的には、政府案の「残余物」の概念は放棄され、参議院の主張に沿って、ＥＣ指令の廃棄物概念がそのまま取り入れられている。すなわち、三条一項一文によると、「本法にいう廃棄物（Abfälle）とは、付表一に掲げる群に該当するもので、占有者が処分し（entledigen）、処分を意図し、処分すべき全ての動産をいう」とされており、前記の一九九一年廃棄物指令の廃棄物概念とほぼ同様の表現となっている。そこでいう「付表一」の内容も、指令の付表一とほぼ同一であり、一般的で廃棄物を限定する機能を有しない。[60]

ただ、同条二項に「処分（Entledigung）」の定義がなされており、付表に掲げられた「再利用（Verwertung）」や「処理（Beseitigung）」のための引渡しや目的を定めない支配権の放棄がこれにあたるとされる。これによって、再利用対象物や有価物が「廃棄物」に該当することが明確化され、年来の懸案が解決されたわけであるが、これも従来からのＥＣの指令の解釈を踏襲するものともいえる。そして、この広義の「廃棄物」の中に、「再利用される廃棄物」とそれ以外の「処理される廃棄物」が包含される仕組みとなっている（三条一項二文）。

このように、新しい循環経済法における廃棄物概念は、ＥＣ指令の概念の文言を踏襲しており、その「主観的廃棄物」と「客観的廃棄物」という構造も受け継いでいるように見える。こうした観点からは、こうした構造自体を放棄した政府案より、むしろ従来の廃棄物法の流れをくむものと見られなくはない。しかし、実際には、このような見方は当を得ない。すなわち、新法は、ＥＣ指令と異なり、主観的廃棄物概念の要素たる「処分の意思」についての推定規定をおき、事実上、これを客観化しているのである。先にみたとおり、三条一項は、ＥＣ指令にならい、「占有者が処分し、あるいは処分しようとする」ものを廃棄物であるとしている（主観的廃棄物）。ここでいう「処分の意思」について、同三項一文は、「①物質・製品のエネルギー化、取扱い、使用あるいはサービスの提供において、その活動の目的外で生じ、または、②本来の目的が失われるか放棄され、直ちに新たな使用目的が生じていない」ものについては、その意思の存在を推定する（annehmen）旨を規定しているのである。

この規定が政府案における「残余物（Rückstände）」の定義を受け継ぐものであることは、明らかであろう。政府案においては、このような目的外で生じあるいは目的の失われたものの総体を「残余物」とし、占有者の意思と関わりなく廃棄物法による規制の対象としていたわけであるが、新法においては、ほぼ同様のものを「処分の意思」の推定という擬制を通じて広義の「廃棄物」と位置付け、これを規制の対象としていることになる。結局、「推定」というクッションは残されたものの、主観的廃棄物の観念は、事実上、客観化されたといわなければならない[61]。文言はＥＣ指令に合わせて修正されているものの、内容的には、「使捨て社会」の廃棄物概念である主観的廃棄物概念[62]を放棄し、「リサイクル社会」にふさわしい包括的な廃棄物（あるいは残余物）概念を確立しようという政府案の意図そのものは、立法過程を通じて貫徹されたとも評価できそうである[63]。

（**4**）　結果としては、新しい循環経済・廃棄物法においては、その規制対象となる広義の「廃棄物」の範囲は、前記の推定規定における「目的（Zweck）」に係ってくることとなる。たとえば、ある生産活動の結果として生じた物質は、その製造が活動の「目的」となっていれば「製品」であるが、そうでなければ「廃棄物」となる。また、あるものの本来の使用の「目的」が失われれば、たとえ価値があるものでも、「廃棄物」に含まれることとなるのである。もちろん、この「目的」の決定について、占有者などの主観の混入する恐れは残る。そのための手当てとして、三条三項二文は、これらの「目的」は、「通念（Verkehrsanschaung）を考慮に入れて」占有者や排出者の見解によって決するとし、恣意的な目的設定による規制からの潜脱に備えている。しかし、たとえば、いわゆる「副産物」と「廃棄物」との線引きなど、この「目的」の解釈が新しい「廃棄物」概念についての今後の最大の課題となりそうである。(64)

つぎに、広義の「廃棄物」は、「再利用される廃棄物」と「処理される廃棄物」を包含することとなるが、この区別については、占有者などの主観的な意図が介入する余地はない。基本的には、再利用が可能な廃棄物は、排出者や占有者が望むか否かと関わりなく「再利用される廃棄物」として再利用されなければならないのである（五条・六条）。それが不可能なもののみが「処理される廃棄物」として埋立や焼却等の処理にまわることとなる（一〇条など）。もちろん、具体的なものについては、再利用が可能か否かの判断は困難となろうが、少なくとも従来のような主観が入り込む余地はなく、そこに脱法行為の恐れもなくなるであろう。(65)

五　む す び

（1）　以上、ドイツの廃棄物の概念について、再利用対象物や有価物を含まない従来の廃棄物概念から、これらをも包含する包括的な廃棄物概念への立法の変遷を概観してきた。そして、同時に、それは、従来の廃棄物概念の狭さと不明確さの基であった主観的な廃棄物概念の放棄されていく過程でもあった。そして、こうした動きがEC法への対応によって余儀なくされたものであるとともに、リサイクル社会の実現に向けた新しい廃棄物行政の枠組みへの対応(66)であることも見てきた。本稿においては、具体的に何が廃棄物であると解されてきたかといった詳細な解釈論を紹介するにはいたらなかったが、廃棄物の概念をめぐる動向をみることによって、ドイツにおける廃棄物法制の基本的な構造変化の一端に触れてきたといえる。

ドイツの廃棄物法制がECの影響を大きく受けていることからも明らかであるように、廃棄物問題への対応、とくに単なる廃棄物の除去・処理の規制を越えた総合的なリサイクル体制の整備は、先進国共通の課題である。そして、廃棄物の越境移動の問題(67)が端的に示すように、廃棄物問題は、国境を越えた地球規模の課題でもある。今後とも諸外国や国際機関の廃棄物に関する法制度の行方には、十分な目配りをしていく必要があろうが、本稿で見てきたとおり、廃棄物の概念は、これを理解するための重大なカギとなるであろう。

(2)　さて、冒頭でも触れたように、廃棄物と有価物との関係は、わが国においても早急な解決を要する問題であると思われる。実は、わが国においても、本稿で紹介したEC型の有価物を包含する廃棄物概念は、一部、すでに実定法化されているのである。周知のとおり、本稿でも触れたバーゼル条約については、わが国も一九九二年一二月に批准し、これに参加することとなったが、これを実施するために「特定有害廃棄物等の輸出入等の規制に関する法律(68)」が制定されている。ドイツを含むECが廃棄物一般を対象としたのに対して、わが国のこの輸出入規制法は、条約どおりに有害廃棄物に対象を限っているが、その対象たる「特定有害廃棄物等」の定義については、条約の規定をそのまま引用している。そこで、条約上の廃棄物の定義を見ると、この条約による「廃棄物」とは、「処分がされ、処分が意図され又は国内法の規定により処分が義務付けられている物質又は物体をいう」とされている（二条一号）。そして、ここでいう「処分」については、「資源回収、再生利用、回収利用、直接再利用又は代替的利用に結びつく作業」とこれらの「可能性に結び付かない作業」（埋立や焼却など）の両者を含むこととされている（二条四号、付属文書四）。

要するに、このバーゼル条約の廃棄物概念は、ＥＣのものとほぼ一致している。いうまでもなく、一九九一年指令の廃棄物概念は、ほぼ並行して作業が進められたバーゼル条約のそれを強く意識し、それと同じ流れをくむものなのである。[69]したがって、バーゼル条約やそれを受けたわが国の輸出入規制法の規制対象は、ＥＣ法やドイツの循環経済・廃棄物法と同様、有価物も含むものと解されることとなり、[70]従来の廃掃法にいう無価物に限られた廃棄物概念と食い違うこととなる。だからこそ、輸出入規制法の対象は、単なる「有害廃棄物」ではなく「有害廃棄物等」とされているのである。この結果、輸出入規制法により要求される外為法による通産大臣の輸出入の承認（環境庁長官の確認）は、有価物と無価物とを問わないのに対し、廃掃法による厚生大臣の輸出入の確認・許可は、無価物のみに限られる（ただし、こちらは有害と無害とを問わない）。[71]このような両法による許認可制度の並存とその対象の食い違いは、規則目的の相違という建前はともかく、関係省庁の妥協の産物であるといわれ、[72]外部の者の目には、いかにも奇妙な印象を免れない。[73]すでに見たように、ドイツは、まさにこのような事態を嫌ってＥＣとの廃棄物概念の調整に踏み切ったのである。

一方、総合的なリサイクル社会の実現という観点においても、わが国の制度は、廃掃法と「再生資源の再利用の促進に関する法律」（いわゆる「リサイクル法」）との二本立てである。後者の対象は、「再生資源」であって、「廃棄物」とは観点を異にする概念とされる。[74]もちろん、法律が別であっても、規制システムが有効に調整されていれば問題はないが、現在はともかく、将来的には規制の強化に伴う矛盾が顕在化することは十分に予想されよう。すでに、わが国においても一元化を考慮すべきであるとの指摘もなされている。[75] ここでも、問題に対する対応は、ドイツとは対象的であるといわざるをえない。省庁間の権限分配（廃棄物は厚生省でリサイクルは通産省）といった国内事情のみで、国際的なリサイクルの趨勢にとり残されるといった心配は、あくまでも杞憂であって欲しいものである。

〔追記〕

本稿は、一九九六年一月、同名で東洋法学四〇巻一号に掲載したものである。その後、循環経済・廃棄物法については、解説書などが多く出版されつつあり、その中で「廃棄物」の概念についても説明がなされているが、同法の下における廃棄物概念を包括的に分析した論文として、Schink, Der neue Abfallbegriff und seine Folgen, VerwArch. 1997, S. 230 ff. 廃棄物法の一般的な動向については、前節の追記を参照されたい。

（1）　廃掃法における廃棄物の概念については、阿部泰隆「廃棄物処理法の改正と残された法的課題㈠」自治研究六九巻六号三頁七頁が詳細に検討しており、以下の記述も、これに多く依拠している。
（2）　厚生省水道環境部編・新廃棄物処理法の解説Ａ二五頁。
（3）　「無価物」のみが「廃棄物」であるという表現は、それが現実の実務で貫徹されているか否かはともかく、随所に見られる。その一例として、込山愛郎「廃棄物の処理及び清掃に関する法律の一部改正について」ジュリスト一〇一八号一〇九頁（一一二頁）。
（4）　たとえば、阿部・前掲注（1）自治研究六九巻六号九頁。
（5）　阿部・前掲注（1）自治研究六九巻六号二〇頁。
（6）　ドイツにおける廃棄物法制の問題状況一般について、簡単には、山田洋「ドイツにおける「産業廃棄物」処理

制度」西南学院大学法学論集二七巻四号一四七頁（本書第二章第一節）。

（7）この法律のわが国における紹介として、松村弓彦「ドイツ新循環型経済・廃棄物法」ジュリスト一〇六二号一〇五頁。その抄約として、植木哲編著・環境汚染への対応三五一頁（本書第二章第一節）。

（8）ドイツにおける廃棄物法制の推移については、Kunig/Schwermer/Versteyl, Abfallgesetz, 2. Aufl. (1992), S. 3 ff.

（9）Abfallbeseitigungsgesetz v. 7. 6. 1972, BGBl. I S. 873 ff.

（10）Gesetz über die Vermeidung und Entsorgung von Abfällen v. 27. 8. 1986, BGBl. I S. 1400 ff. 同法（一九九〇年当時）の翻訳として、山田敏之・横山潔訳「廃棄物の回避及び処理に関する法律（廃棄物法）」外国の立法三一巻三号五七頁。

（11）同法に基づくデュアルシステム等については、わが国でも多くの紹介があるが、さしあたり、山田敏之「市場経済によるゴミの抑制とリサイクル――ドイツのゴミ政策――」外国の立法三一巻三号四五頁。

（12）従来のドイツ廃棄物法における廃棄物の概念については、無数に文献があるが、極めて初期のものとして、Altenmüller, Zum Begriff Abfall im Recht der Abfallbeseitigung, DöV 1978, S. 27 ff. しかし、この問題が正面から取り上げられるようになったのは、後にみるＥＣの影響が意識され出した九〇年前後からである。それ以後の代表的なものとして、Hoppe/Beckmann, Umweltrecht (1989), S. 472 ff.；Köller, Abfallrecht, 3. Aufl. (1991), S. 17 ff.；Kunig/Schwermer/Versteyl. aaO. (Anm. 8), S. 38 ff.；Bickel, 20 Jahre Abfallbegriff, NuR 1992, S. 361 ff.；Dieckmann, Der Abfallbegriff des EG-Rechts und seine Konsequenzen das nationale Recht, NuR 1992, S. 407 ff.；Kersting, Die Vorgaben des europäischen Abfallrechts für deutschen Abfallbegriff, DVBl. 1992, S. 343 ff.；Fluck, Zum Abfallbegriff im europäischen, im geltenden und werdenden deutschen Abfallrecht, DVBl. 1993, S. 590 (595 ff.)；Versteyl, Auf dem Weg zu einem neuen Abfallbegriff, NVwZ 1993, S. 961 ff.；Hermig/Allkemper, Der Abfallbegriff im Spannungsfeld von europäischer und nationaler Rechtsetzung, DöV 1994, S. 229 (232 ff.) ; Seibert, Zum europäischen und deutschen Abfallbegriff, DVBl. 1994, S. 229 (233 ff.) ; Schreier, Die Auswirkungen des EG-Rechts auf die deutsche Abfallwirtschaft (1994), S. 84 ff, ; Bartelsperger, Die Entwicklung des Abfallrechts in den Grundfragen von Abfallbegriff und Abfallregime, VerwArch. 1995, S. 32 (46 ff.).

(13) たとえば、Altenmüller, DöV 1978, S. 31f.

(14) Kunig/Schwermer/Versteyl, aaO. (Anm. 8), S. 47f.

(15) さしあたり、Kunig/Schwermer/Versteyl. aaO. (Anm. 8), S. 42 ff. ; Köller, aaO. (Anm. 12), S. 25 ff.

(16) Kunig/Schwermer/Versteyl, aaO. (Anm. 8), S. 45 ff. ; BVerwG, Beschl. v. 19. 12. 1987, NVwZ 1990, S. 564 ff.

(17) こうした点を指摘する例として、Bender/Sparwasser/Engel, Umweltrecht, 3. Aufl. (1995), S. 569.

(18) 「有価物（Wirtschaftsgut)」の意味と具体的な例について、詳しくは、Köller, aaO. (Anm. 12) , S. 29 ff.

(19) Kunig/Schwermer/Versteyl, aaO. (Anm. 8), S. 47.

(20) BVerwG, Urt. v. 24. 6. 1993. NVwZ 1993, S. 990 ff.

(21) BVerwG, Urt. v. 24. 6. 1993, NVwZ 1993, S. 988 ff. これらの判決について、Eckert, Die Entwicklung des Abfallrechts, NVwZ 1995, S. 749 (750 f.).

(22) Versteyl, NVwZ 1993, S. 962.

(23) 廃棄物概念が争われた具体的な例については、Versteyl, NVwZ 1993, S. 962 f.

(24) BGH, Urt. v. 26. 4. 1990, NJW 1990, S. 247 ff. ; v. 26. 2. 1991, NJW 1991, S. 1621 f. これらの判決は、刑法典三二六条所定の「廃棄物（Abfall)」の不適正処理等の罪に関するものであるが、ここでの廃棄物概念も、廃棄物法のそれに準拠するものと解されている。

(25) Versteyl, NVwZ 1993, S. 962.

(26) Franssen, Vom Elend des (Bundes-) Abfallgesetzes, in : Bender, u. a. (Hrsg.), Rechtsstaat zwischen Sozialgestaltung und Rechtsschutz, Festschrift für Redeker (1993), S. 457 (461).

(27) 処理による危険の除去のみを念頭においた従来の廃棄物概念がリサイクルの促進を基調とする今後の廃棄物法には適合しないことを指摘するものとして、Franssen, aaO. (Anm. 26), S. 457 f. ; Bartlsperger, VerwArch. 1995, S. 46 f.

(28) 従来の観念に批判的なものとして、前注のもののほか、たとえば、Versteyl, NVwZ 1993, S. 962. ; Bender/Sparwasser/Engel, aaO. (Anm. 17), S. 568 ff.

(29) イムミシオン防止法における「残余物」の概念については、さしあたり、Hansmann, Inhalt und Reichweite der Reststoffvorschrift des §5 I Nr. 3 BImSchG, NVwZ 1985, S. 409 ff. ; Jarass, Bundes-Immissionsschutzgesetz, 2. Aufl. (1993), S. 164 ff.

(30) 周知のとおり、一九九三年一一月のマーストリヒト条約の発効により欧州連合（ＥＵ）が発足したため、今後は、ＥＣ法もＥＵ法と呼ぶべきこととなる。ただし、新制度においては、ＥＵ傘下の組織である従来の「欧州経済共同体（ＥＥＣ）」が「欧州共同体（ＥＣ）」と名称変更している。本稿の対象は、基本的には九三年依然のものであるため、当時のＥＣの名称を用いることとなるが、部分的には、現在にわたる記述においても、煩を避けるため、ＥＣの呼称を用いることがある。

(31) ＥＣの廃棄物政策の流れについて、簡単には、東京海上火災保険株式会社編・環境リスクと環境法（欧州編）四七頁。

(32) Richtlinie des Rates v. 15. 7. 1975 über Abfälle (75/442/EWG), ABl. Nr. L 194, S. 47 ff.

(33) ＥＣ法のドイツ廃棄物法制への影響一般を概観する文献としては、Pernice, Gestaltung und Vollzug des Umweltrechts im europäischen Binnenmarkt, NVwZ 1990, S. 414 (415 ff.) ; Schreier, aaO. (Anm. 12), S. 53 ff. ; Wendenburg, Die Umsetzung des europäischen Abfallrechts, NVwZ 1995, S. 833 ff.

(34)　EC法における廃棄物の概念については、注(12)に挙げた諸文献のほか、近年のものとして、Konzak, Inhalt und Reichweite des europäischen Abfallbegriffs, NuR 1995, S. 130 ff.

(35)　この点について、たとえば、Fluck, DVBl. 1993, S. 591f.

(36)　EuGH, Urt, v. 28. 3. 1990, NVwZ 1991, S. 660. 同日の同旨の判決として、EuGH, Urt, v. 28. 3. 1990, NVwZ 1991, S. 661.

(37)　Richtlinie des Rates v. 18. 3. 1991 zur Änderung der Richtlinie 75/442/EWG über Abfälle (91/156/EWG), ABl. Nr. L 78, S, 32 ff.

(38)　この付表1の意味およびこれを詳細にしたECの廃棄物リストについては、Seibert, DVBl. 1994, S. 230 ff.; Konzak. NuR 1995, S. 133 f.

(39)　たとえば、Konzak, NuR 1995, S. 134 f.

(40)　Seibert, DVBl. 1994, S. 232.

(41)　EuGH, Urt, v. 10. 5. 1995, NVwZ 1995, S. 885 ff. この判決の解説として、Weidemann, Umsetzung von Abfall-Richtlinien : Urteil des EuGH zum deutschen Abfallrecht, NVwZ 1995, S. 866 ff.

(42)　ECの「指令」の効力については、さしあたり、金丸輝雄編・EC欧州統合の現在六八頁。ただし、同書は、訳語として、「指令」ではなく、「命令」をとっている。

(43)　バーゼル条約については、多くの紹介があるが、もっとも詳細なものとして、臼杵知史「有害廃棄物の越境移動とその処分の規制に関する条約（一九八九年バーゼル条約）について」国際法外交雑誌九一巻三号四四頁。そのほか、川口周市郎「有害廃棄物の国境を越える移動及びその処分の規制に関するバーゼル条約」ジュリスト一〇一八号一一四頁、松隈潤「環境関連条約としてのバーゼル条約について」西南学院大学法学論集二七巻二号八一頁、北村喜宣「国際環境条約の国内的措置——バーゼル条約とバーゼル法——」横浜国際経済法学二巻二号八九頁、東京海上火災編・前掲注（31）二二九頁。

(44) Verordnung (EWG) Nr. 259/93 des Rates v. 1. 2. 1993 zur Überwachtung und Kontrolle der Verbringung von Abfallen in der, in die und aus der EG, ABl. Nr. L 30, S. 1 ff. この規則の解説としては、Winter, Die neue Abfallverbringunges-Verordunug der EG, UPR 1994, S. 161 ff.

(45) 「規則」については、金丸編・前掲注（42）六八頁。

(46) 複数の廃棄物概念の並存は、立法者の無能の証明であると批判するものとして、Versteyl, NVwZ 1993, S. 864.

(47) Entwurf eines Gesetzes zur Vermeidung von Rückständen, Verwertung von Sekundärrohstoffen und Entsorgung von Abfällen, BR-Drucksache 245/93, S/1 ff. (＝BT-Drucksache 12/5672, S. 1 ff.)

(48) Gesetz zur Förderung einer abfallarmen Kreislaufwirtschaft und Sicherung der umweltverträglichen Entsorgung von Abfällen (Kreislaufwirtschafts- und Abfallgesetz—KrW-/AbfG), BR-Drucksache 245/93, S. 1 ff. この法律は、関連法律の改正などとともに、前注の法案の一部をなしている。この法律案の解説として、Kersting, Das Kreislaufwirtschafts- und Abfallgesetz——eine Chance? DVBl. 1994, S. 273 ff.

(49) Begründung, BT-Drucksache 12/5672, S. 40.

(50) Begründung, BT-Druclsache 12/5672, S. 40.

(51) 以下、この法案の立法過程については、Kersting, DVBl. 1994, S. 273 f, ; Versteyl/Wendenburg, Änderungen des Abfallrechts, NVwZ 1994, 833 f.

(52) Stellungnahme des Bundesrates, BT-Drucksache 12/5672, S. 57 (59/63 ff).

(53) 学説においても、ＥＣの概念と一致させることを主張するものが多かった。たとえば、Fluck, DVBl. 1993, S. 599. ; Hermig/Allkemper, DöV 1994, S. 237. ; Seibert, DVBl. 1994, S. 236.

(54) Entwurf eines Gesetzes zur Vermeidung von Rückständen, Verwertung von Sekundärrohstoffen und Entsorgung von Abfällen, BT-Drucksache 12/5672, S. 1 ff.

(55) Gegenäußerung der Bundesregierung zur Stellungnahme des Bundesrates, BT-Drucksache 12/5672, S. 114 (120 f./125).

(56) Gesetz zur Förderung einer abfallarmen Kreislaufwirtschaft und Sicherung der umweltverträglichen Entsorgung von Abfällen (Kreislaufwirtschafts- und Abfallgesetz—KrW-/AbfG) v. 27. 9. 1994, BGBl. I S. 2705 ff. ちなみに、この法律を第一部とする改正法全体については、「残余物」概念の放棄により、法案段階とは以下のように名称変更されている。Gesetz zur Vermeidung Verwertung und Beseitigung von Abfälle v. 27. 9. 1994, BGBl. I S. 2705 ff.

(57) なお、ほぼ循環経済・廃棄物法と同時期に、前記のＥＣ廃棄物越境移動規制規則の国内化法も成立している。Gesetz über die Überwachtung und Kontrolle der grenzüberschreitenden Verbringungs von Abfällen v. 30. 9. 1994, BGBl. I S. 2771 ff. 前記規則は、当然に国内法としての効力を有するが、その他の国内法との調整や規則の委任による立法措置のため、この法律が制定されている。当然の事ながら、同法二条による廃棄物の定義は、循環経済・廃棄物法のそれと一致している。

(58) 循環経済・廃棄物法の全体的な解説として、Bender/Sparwasser/Engel, aaO. (Anm. 17), S. 541 ff.；Versteyl/Wendenburg, NVwZ 1994, S. 833 ff.；Weidemann, Umweltschutz durch Abfallrecht, NVwZ 1995, S. 631 ff.；Tettinger, Rechtliche Bausteine eines modernen Abfallwirtschftsrechts, DVBl. 1995, S. 213 ff.；Petersen/Rid, Das neue Kreislaufwirtschafts- und Abfallgesetz, NJW 1995, S. 7 ff.

(59) 循環経済・廃棄物法における廃棄物概念についての詳細な分析として、Fluck, Der neue Abfallbegriff——eine Einkreisung, DVBl. 1995, S. 537 ff.

(60) Bender/Sparwasser/Engel, aaO. (Anm. 17), S. 570.

(61) もちろん、文言上は、主観的な廃棄物概念が維持されていることは確かであり、その認定方法が変わっただけであるともいえる。この点については、Bender/Sparwasser/Engel, aaO. (Anm. 17), S. 571.；Petersen/Rid,

NJW 1995, S. 9.

(62)　Franssen, aaO. (Anm. 26), S. 461.

(63)　Fluck, DVBl. 1995, S. 540.

(64)　この点について、Fluck, DVBl. 1995, S. 540 ff.; Wendenburg, NVwZ 1995, S. 835 f.

(65)　Petersen/Rid, NJW 1995, S. 9.; Versteyl/Wendenburg, NVwZ 1994, S. 836.

(66)　もちろん、こうした方向については、とくにリサイクルなどの経済活動に対する行政の過度の介入につながるのではないかとの根本的な懸念もありうる。こうした見解を表明するものとして、Kersting, DVBl. 1994, S. 277.

(67)　ドイツの廃棄物輸出の状況について、簡単には、山田・前掲注（6）西南学院大学法学論集二七巻四号一五二頁。

(68)　この法律については、木戸康雄「特定有害廃棄物等の輸出入等の規制に関する法律について」ジュリスト一〇一八号一〇四頁、北村・前掲注（43）横浜国際経済法学二巻二号一〇二頁。

(69)　このような廃棄物概念は、もともとはＯＥＣＤによる一九八八年の有害廃棄物の越境規制決議に由来しているようである。この点については、Konzak, NuR 1995, S. 131 f.

(70)　木戸・前掲注（68）ジュリスト一〇一八号一〇六頁、込山・前掲注（3）ジュリスト一〇一八号一一二頁。

(71)　込山・前掲注（3）ジナリスト一〇一八号一一二頁の図表を参照。

(72)　輸出入規制法の制定過程での通産・厚生・環境の各省庁間の調整の経緯についての詳細な研究として、北村・前掲注（43）横浜国際経済法学二巻二号九六頁。

(73)　外為法による廃棄物の輸出入規制の合理性を疑問とするものに、北村・前掲注（43）横浜国際経済法学二巻二号一一二頁。

(74)　通商産業省立地公害局編・リサイクル法の解説一六頁。

(75)　阿部・前掲注（1）自治研究六九巻六号二〇頁。ただし、「実現は望み薄である」とされる。

第三章　アセスメント

第一節　統合的環境規制の進展

一　はじめに

（1）　わが国の環境法は、廃棄物処理施設などの一部の例外をのぞき、工場など環境汚染の恐れのある施設についての統一的な許可制度を有しない。これらの施設については、大気汚染については大気汚染防止法、水質汚濁については水質汚濁防止法、振動については振動規制法、騒音については騒音規制法、悪臭については悪臭防止法といった個別の法律による規制が並列的になされる仕組みである。[1]　たとえば、ばい煙と汚水の両方を排出する工場の設置に際しては、大気汚染防止法と水質汚濁防止法の両者による届出が必要となり、また、それぞれの排出基準に照らして、それぞれについての改善命令などがなされることとなる。もちろん、現在では、これらの権限はすべて都道府県知事に属するものとされ、所轄官庁も環境庁に一元化されているものの、[2]制度上は、各法律により付与された権限については、それぞれ独立して要件が審査され、それぞれ個別に判断がなされるのが建前といえる。このような仕組みは、処分に客観性を与え、それに対する事業者の予測可能性を高めるという観点からは、合理的な制度であると考えられてきた。

しかし、さらに考えると、「環境」というものは、大気、水、土壌というように、独立して存在しているわけではない。大気中の水分が雨となって土にしみこむといったように、連鎖によって相互に関係しているのである。環境汚染についても、排煙として排出された有害物質が土壌や水質の汚濁をもたらすことがあることは良く知られている。地球環境といったグローバルな観点から考えると、こうした環境の連鎖は、とりわけ注目すべきものとなってくる。また、環境対策についても、たとえば、汚水処理装置の設置によって排水の水質が改善されたとしても、有害物質の濃縮された汚泥が残り、それがどこかに投棄されざるをえないとすれば、本当の意味での環境対策が実施されたとはいい難い。さらに、たとえば、大気汚染や水質汚濁などの多くの点でかろうじて排出基準をクリアーしているにすぎない施設は、一つの点でわずかに排出基準を越えるが他の点では環境への影響が極めて低い施設と比べた場合、全体として環境への影響が少ないといえるであろうか。しかし、現在のシステムにおいては、後者は規制の対象となっても、前者は対象とはならないのである。結局、「環境」全体に対する負荷を評価するという観点が必要なわけで、現在の個別の排出規制は、必ずしもその要請に応えていないということとなろう。(3)

(2)　環境アセスメントあるいは環境影響評価の制度は、まさに、このような要請に応えるものとして登場したものである。いうまでもなく、この制度は、従来の大気汚染や水質汚濁に対する規制などの総和では有りえず、単に予定された事業が各種の排出基準をクリアーしているか否かを審査する場でもない。むしろ、この制度は、事業による環境へのあらゆる影響を総合的に評価し、それによる環境への負荷をできるかぎり少なくすることを目的とするものである。(4)もちろん、ここでも大気や水質などに対する個別の影響の評価は基礎となるが、その目的とするところは、これらの相互関係を含めて、その全てを総合的に評価することなのである。(5)こうした意味から、この環境影響評価制度は、従来の個別的な排出規制の欠点を補うものとして、その立法化が期待されてきたわけである。

ただし、これを現実に立法化することとなると、逆に、従来の規制制度との整合性が気になってくる。すなわち、わざわざ環境影響評価を法律によって義務付ける以上、従来の条例などによるもののように、その結論が行政指導によって実現されるに留まるのでは意味がない(6)。それが事業の実施についての法的決定に直結しないまでも、決定に何らかの形で影響を与えることとしなければなるまい。ところが、現行制度上は、先にみたように、環境影響評価の結論としての総合評価を反映すべき許可制度が一般的には存在しないのである。また、たとえば、大気汚染防止法による改善命令などについても、現行法においては、その排出基準に違反した場合にのみなしうるのであって、環境影響評価において否定的な総合評価が出たからといって、これを理由に処分をなすことは許されない。たとえ、同法を改正したとしても、総合評価といった大気汚染以外の理由で同法による処分をすることとするのはシステムとして奇妙である。同様のことは、水質汚濁防止法など、他の法律についても妥当するであろう。反面、環境影響評価法自体に新たに許可制度を立法化するとすれば、大気汚染防止法など個別の規制の存在意義自体が疑問になってくる。環境影響評価法の立法にあたって、詰めておくべき課題であると思われる。

(3)　さて、周知のように、ドイツにおいては、政令によって定められた環境に影響を与える施設について、連邦イムミシオン防止法(7)による許可制度が設けられている。しかし、この法律による許可制度も、実は施設の設置によるすべての環境への影響を総合的に審査する場とされていない。元来は営業法における大気汚染の規制に起源を有する同法による規制の対象は、次第に拡大して、現在は、「大気汚染、騒音、振動、光線、放熱、放射線、その他類似の現象」である。まず、汚水の排出が規制対象となっていないことが目に付くが、これは大綱法としての連邦水管理法と各州水管理法による別立ての許可制度による規制の対象とされている。そもそも、イムミシオン防止法の規制対象についても、大気汚染については大気汚染基準（TA-Luft）、騒音については騒音基準（TA-Lärm）というように、それぞれの基準にしたがって個別に判断されることとされていた。[8] そもそも、同法による許可は、伝統的には覊束行為であるとされ、こうした基準に合致するかぎりにおいては、事業者には許可の請求権があり、行政庁は許可をなすべきものとされてきたのである。このような伝統的な理解を前提とするかぎり、同法の許可要件として「環境」全体についての総合考慮といった発想を持ち込むことは、かなり困難であるといわざるをえない。

これに対して、公共施設などについて実施される計画確定手続においては、いわゆる「集中効（Konzentrationswirkung）」が認められ、すべての許認可などがここに一本化される。そして、そこでは、事業の実施に伴うすべての利害が較量され、決定機関たる行政庁の「計画裁量」によって事業の是非が決定されることとなる。[9] したがって、この手続による場合には、行政庁による総合的較量の中に、他の様々の利害と並んですべての環境への影響が取り込まれ、大気や水質といった個別の規制を越えた「環境」全体についての総合考慮が当然になされることとなるわけである。

（4）　さて、一九八五年のEC環境影響評価指令[10]をうけて、ドイツにおいても環境影響評価法の立法化が必要となった。同指令は、当然のことながら、環境影響評価において環境への影響を総合的に評価すべきこと、そして、それが許認可において考慮に入れられるべきことを要求している。ドイツは、その国内法化において、環境影響評価を独立の手続とすることを回避し、これを既存の手続に組み込むことを基本方針としたわけであるが、先に述べた手続の基本構造から考えれば、計画確定手続にこれを組み込むことは容易といえる。しかし、イムミシオン防止法などの許可手続による一般の施設について、これを組み込むことは相当に困難が伴う。そこでは、同法以外にも水管理法などによる手続が並行して実施されるわけで、まず、どの手続で環境影響評価を実施するかを決めなければならない。さらに、それぞれ大気や水といった個別の規制対象と目的を持ち、それについての審査に限定された覊束行為としての個別の許可において、どうすれば環境全体への影響の総合評価の結果を考慮することが可能となるかは、かなりの難問と言わなければならない。結果的には、この問題についての明解な解答を用意できないまま、ドイツは、一九九〇年に環境影響評価法[11]の制定を余儀なくされることとなった。

さらに、現在、ＥＵ[12]は、新たに「環境汚染の統合的防止と減少に関する理事会指令」(通常、英語名の頭文字から「ＩＰＰＣ指令」または「ＩＰＣ指令」、ドイツ語名の頭文字から「ＩＶＵ指令」などと略称される[13])の制定を準備中である。この指令は、環境全体の総合的な保護を図るために、加盟国に対して、有害施設の環境全体への影響を総合的に評価することを可能とする許可制度の創設を命じている。この指令が正式に成立することとなると、イムミシオン防止法を中心とする個別の環境規制を基本としてきたドイツの環境保護法制は、大きな構造変換を迫られることとなろう。こうした構造変革は、環境影響評価においては先送りされてきたわけであるが、今回は、新たな対応を検討することが必要となると思われる。

(**5**)　以下、本稿においては、ＥＣ環境影響評価指令と統合的環境規制指令（案）への対応として、個別的規制から統合的規制へと移行しつつあるドイツの状況を概観していくこととしたい。実は、統合的規制への移行は、先進国全体の国際的趨勢でもある。環境影響評価法が再び話題となりつつある現在、わが国の制度の将来を考える上での一つの素材ともなりえよう。

二　環境影響評価指令の影響

（１）　すでに、わが国においても広く紹介されているとおり、一九八五年六月二七日、当時のＥＣ理事会は、「公的および私的事業の環境影響評価に関する理事会指令」[14]を発し、加盟各国に対して、一定の施設の設置などについて、環境影響評価（Umweltverträglichkeitsprüfung）の法制化を命じている。これを受けて、ドイツも、その国内法化に着手したものの、その作業は難航し、指令の期限を大きく徒過した一九九〇年二月一二日になって、ようやく「環境影響評価法」[15]が制定されるに至ったのである。

先に触れたとおり、ドイツにおいては、環境影響評価の法制化に際して、新たに独立した制度を設けるという途をとらず、既存の施設設置手続――すなわち空港や道路などについての計画確定手続あるいは通常の工場などについてのイムミシオン防止法などによる許可手続――の中にこれを組み込み、これらの手続の一環として環境影響評価を実施するという方式によることを基本方針とした。[16]このうち、ドイツの許可手続については、大気汚染や水質汚濁を個別的に規制することを基本としていたため、そこに環境への影響の総体的評価を建前とする環境影響評価を組み込むことには相当の困難が伴い、かなりの議論を呼ぶこととなったのである。[17]

（２）　すなわち、事業による全ての利害を総合的に比較衡量するという広範な計画裁量を本質とする計画確定手続と異なり、イムミシオン防止法などによる許可手続は、大気や水などについて、それぞれ個別の手続によって保護するというシステムを維持してきた。[18]もっとも、本来は大気汚染の防止のみを目的としていたイムミシオン防止法による許可手続については、現在では、騒音や振動などについても規制対象を拡大しており、環境規制の一般法に近い役割を果たすこととなってはいる。また、その許可には、いわゆる集中効が認められ、他の法律などによる許認可は不要とされており、この手続に並行する許認可手続が一本化される仕組みである（一三条）[19]。ただし、この制度は不完全であり、もっとも顕著な点だけあげても、水質汚濁に対する規制は、水管理法（より正確には、大綱法としての連邦水管理法と各州水管理法）による許認可という別立ての制度によるものとされ、イムミシオン防止法の許可の集中効も及ばないこととされている。したがって、多く見られるような排煙と排水の両方をもたらすような工場については、イムミシオン防止法と水管理法の両方の許可が必要となり、大気汚染については前者、水質汚濁については後者の手続において、それぞれ別々に審査されることとなるのである。

この場合、いうまでもなく、水質汚濁を理由としてイムミシオン防止法の許可が拒否されることはなく、また、大気汚染を理由として水管理法による許可が拒否されることもありえない。たしかに、イムミシオン防止法の許可要件としては、「他の公法の規定」に違反しないことが法定されているものの（六条二号）、水管理法の遵守については同法の手続に留保されている以上、同法への違反がイムミシオン防止法による許可の拒否事由とはなりえないことは、当然であると解されてきたわけである[20]。そして、警察許可の流れをくむイムミシオン防止法による許可は、伝統的には羈束行為であるとされ、同法所定の拒否事由に該当しないかぎりは、これを拒否できないものと解されてきた[21]。結局のところ、従来のドイツ法は、たとえば、ある施設を原因とする水質汚濁と大気汚染を総合的に評価する制度を有しなかったということとなる。

（**3**）　しかし、このような状況は、ＥＣ指令による環境影響評価制度の義務付けによって、再検討を迫られることとなった。すなわち、ＥＣ指令は、加盟各国における環境影響評価の国内法化の指針として、環境影響評価においては以下の要因の直接間接の影響を評価すべきものとしている（指令三条）。

「――人間、動物および植物
――土壌、水、大気、気候および景観
――前の二文に掲げる諸要因間の相互作用（Wechselwirkung）
――財物および文化遺産」

ここで注目すべきは、三文においては、前二文に掲げた諸要因の「相互作用」が評価の対象とされていることである。これによって、環境影響評価においては、水や大気といった「環境媒体（Umweltmedium）」に対する影響が単に個別的あるいは並列的に評価されるだけではなく、その影響が相関的に評価されるべきであることが明らかにされているのである。[22] そして、このような評価の結果が官庁による許可手続などにおいて「考慮（berücksichtigen）」されなければならないこととされているわけである（八条）。

ただし、問題は、ＥＣ指令が具体的にはどのような評価のあり方を要求しているかであり、これについては、ドイツにおける立法過程でも見解の相違があった。まず、第一に、ＥＣ指令のいう「相互作用」とは、たとえば、大気汚染が雨によって水質汚濁につながるとか、大気汚染防止装置によって有害物質が生ずるといってケースを想定しているとする考え方がある。[23] この場合、結局は大気汚染のいわば付随的あるいは間接的な効果の問題であるから、従来の法定要件の解釈で解決できるか否かはともかく、[24] これを大気汚染の規制システムの中に取り込んでも、さほど違和感はない。とりあえず、イムミシオン防止法による許可の大気汚染規制の要件を改正して、前記のようなケースについても拒否事由と定めるということによって、この限度での「相互作用」の考慮の問題は、一応、解決できるであろう。そして、水管理法などについても、同様の許可要件の改正をすることによって、それぞれの環境媒体間の「相互作用」を個別の許可の考慮に入れることができることになる。[25] したがって、ＥＣ指令の要請がこうした意味の「相互作用」の考慮に留まるのであれば、その国内法化によって、ドイツの許可手続の構造そのものの見直しが必要となるわけではない。

しかし、ＥＣ指令については、こうした要請を越えて、大気汚染や水質汚濁などを総合的に評価し、それを許可において考慮することを求めているとする見解がある。(26) いいかえれば、大気汚染や水質汚濁を個別的に評価するのではなく、それらを総合的に評価して、環境に悪影響を及ぼすと評価された場合には、(それぞれの排出基準をクリアーしていても) 許可を拒否すべきであるとするのが、指令の趣旨であると考えられるわけである (ドイツにおいては、これを「限界負荷 (Grenzbelastung)」と呼ぶ)。とりわけ、環境影響評価に必須の条件であると強調されることが多い「代替案の評価(27)」などを視野にいれると、複数の代替案の優劣を決するためには、それぞれの環境への影響を総合的に評価して比較することが不可欠と考えられることとなる。しかし、このような総合評価を実施しなければならないとすると、単にイムミシオン防止法などの許可要件などを改正するだけで対応することは難しく(28)、従来の個別的あるいは並列的な許可手続の構造自体を基本的に見直すことが求められることとなってくるはずである。(29)

(４)　さて、一九九〇年に制定された「環境影響評価法」自体は、結局のところ、この問題についての明確な結論を提示するに至らなかった。すなわち、同法は、複数の許可手続が並行して行われる場合については、州が環境影響評価についての「所管行政庁 (federführende Behörde)」を定め、それが関係官庁の協力の下に包括的な環境影響報告書をまとめることとした。そして、これを「考慮」して、各許可官庁が許可の決定を下すべきこととしているのである (一四条)(30)。しかし、この「考慮」については、あくまで「現行法に従って」なされるものとされ (一二条)、たとえば、イムミシオン防止法による許可における環境影響評価の「考慮」について、これが他の媒体に対する付随的な影響を意味する狭義の「相互作用」の考慮に留まるのか、全ての媒体への影響の総合的な考慮を意味する広義の「総合評価」にまで及ぶのかといった点は、最終的には、同法の許可要件の定め方によってくるということとなる。そもそも、このような「評価」の原則についても、環境影響評価法自体には定めはなく、これに基づく行政規則の定めに留保されているのである（二〇条二号）。

ところが、この行政規則の制定は難航し、「環境影響評価法施行規則」(31)が実際に制定されたのは、なんと法制定から五年を経過した一九九五年九月であった。その結果、評価の原則を定める行政規則の制定より、各個別の許可手続における評価や考慮のあり方を決定する個別法の許可要件の改正が先行することとなったのである。たとえば、イムミシオン防止法については、環境影響評価法の制定と前後して一九九〇年に改正が実施され(32)、また、一九九二年には、その許可手続の詳細を定める「イムミシオン防止法第九施行令」が改正されている(33)。結論から先に述べれば、これらの改正においては、もっぱら狭義の「相互作用」の考慮への対応が意図されており、広義の「総合評価」の観点は、取り入れられていない。結果的には、従来の許可手続の基本構造は、温存されたというべきなのである。

まず、法本体においては、同法による許可制度の射程を限定し、「相互作用」などの間接的な影響をそこでの審査対象とすることの一つのネックとなってきた法の保護対象とイムミシオンの定義が拡大された(34)。すなわち、従来は、「人間、動植物、その他の物」のみが同法による保護の対象とされ（旧一条）、それらに影響を及ぼす大気汚染などが「イムミシオン」であるとされてきた（旧三条二項）。このため、たとえば、大気汚染などの気候への影響などが許可要件として読み込みにくいなど、環境に対する広範な影響を許可手続における審査の対象とする障害とされてきた。そこで、今回の改正によって、保護対象は、環境影響評価法に習って、「人間、動植物、土壌、水、大気、文化財その他の財物」へと拡大され（新一条）、それに合わせて、イムミシオンの定義も拡大されている（新三条二項）。これについては、実質的には旧規定においても保護対象は拡張的に解釈されてきており、改正は確認的な意味を持つに過ぎないとする見解が支配的であるが[35]、これによって、大気汚染が水質や気候に与える「相互作用」なども同法の許可要件に読み込みやすくなったことは確かであろう[36]。

次に、第九施行令（手続令）においては、環境影響評価手続に関する条文が新設されている。すなわち、環境影響評価評価の対象としては、ＥＣ指令に合わせて、「人間、動植物、土壌、水、空気、気候、景観、それらの相互作用」および「文化財その他の財物」に対する施設の与える影響であるとする（一ａ条）。そして、許可官庁は、これらの影響を総合的に評価して、現行規定にしたがって、決定の際に考慮すべきものとされているのである（二〇条一ｂ項）。その他、この政令においても、「相互作用」が評価の対象に含まれることが各所で強調されている（一ａ条、四ｅ条一項）。

これらの改正によって、大気汚染などによって生じた水質汚濁などの大気以外の環境汚染など、間接的あるいは「相互作用」による環境汚染についても、イムミシオン防止法の許可手続における環境影響評価の対象となり、それが許可の決定において考慮されうることは、明らかになったといえる[37]。しかし、これによって、大気汚染などを原因としない環境汚染を環境影響評価の対象とし、これを許可において考慮することが認められたわけではない。先に述べた広義の「総合評価」の結果を考慮して許可を拒否することを認めるといった許可要件の改正はなされていないのである。

（５）この点は、ようやく一九九五年九月に制定された連邦環境・自然保護・原子炉安全省による「環境影響評価法施行規則[38]」においては、より明確化されている。すなわち、この規則においては、一般的に、環境への影響としては、個別の保護対象を評価するだけではなく、相互作用を考慮した「媒体を越えた評価（medienübergreifende Bewertung）」が実施されるべきであるとされる（規則〇・六・二・一）。しかし、たとえば、イムミシオン防止法による許可手続について規定した部分を見ると、そこで評価されるべきであるとして例示されている「相互作用」は、もっぱら環境対策によって他の媒体に対して生ずる影響である（規則一・三・二）。

これに対して、計画確定手続などにおける環境影響評価に関する規則の定め方は、かなり異なっている。すなわち、イムミシオン防止法におけるような「相互作用」の評価が求められるのに加えて、大気汚染や水質汚濁などがそれぞれの基準に合致していても、「総体としての環境への影響」が一般的な利益を害しないか否かが評価されなければならないとされているのである（たとえば、廃棄物埋立施設について、規則四・三・四）。ここでは、明らかに、狭義の「相互作用」だけではなく、広義の「総合評価」が求められることになっているわけである。

結果的には、環境影響評価法の制定に際して、ドイツの許可手続においては、環境全体についての影響を総合的に評価し、その結果を許可の決定に反映させるという広義の「総合評価」の導入を見送り、直接の規制対象たる媒体の他の媒体への影響（とくに環境対策による他の媒体への影響）を評価に取り入れるという狭義の「相互作用」の評価の導入に留まったといえる。(39) いうまでもなく、その理由は、前者の導入が媒体毎の個別の許可制度の並存というドイツの環境法制の根幹を揺るがしかねないためである。また、「総合評価」については、一義的な基準は有り得ず、較量の要素が持ち込まれることは避けがたいから、これを許可手続に導入することは、覊束行為としての許可という建前とも矛盾せざるをえない。(40) こうしたドイツの環境法の基本構造の変革は、見送られることとなったのである。もちろん、こうした方法がEC指令の要請ひいては環境影響評価制度の本質に合致するか否かは、問題として先送りされたことになるが、次にみる新たなEU指令案は、より明確に、「総合評価」の導入によるドイツ法の構造改革を迫るものとなっている。

三　統合的環境規制指令案

（１）　大気や水といった個別の媒体毎の規制ではなく、環境全体の保護を図るべきであるという統合的な環境規制の考え方は、(41)一九七〇年頃のアメリカに起源を有するともいわれるが、(42)しだいに世界的な趨勢となり、ついには、一九九一年一月、その導入がOECDによって加盟各国に勧告されるまでになった。(43)EC諸国においても、イギリスが「一九九〇年環境保護法」によって「統合的汚染規制」(44)を立法化するなど、ドイツ、イタリア、スペインを除く各国で九〇年代初めまでに、こうした制度が導入されてきた。(45)こうした情勢を受けて、一九九三年九月一四日、EC委員会は、理事会に対して「環境汚染の統合的防止と減少に関する理事会指令」の制定を提案するに至ったのである。(46)この指令案は、要するに、付表に定める工場などの施設について、その環境全体への影響を統合的に規制するための許可制度の創設を加盟各国に義務付けるものである。

さて、この指令は、環境政策の目標を定めたEC条約一三〇r条を根拠として、マーストリヒト条約によって新たに導入されたEC条約一三〇s条に基づき、いわゆる「協力手続（Zusammenarbeitsverfahren）」（一八〇c条）(47)によるべく提案されたものである。それによると、この提案は、欧州議会と経済社会委員会の意見を求めた後、理事会が特定多数決によって「共通の立場（gemeinsamer Standpunkt）」と称する中間決定を採択する。これが欧州議会に送付され、その承認が求められる。この承認が得られた後に、理事会が最終的に採択して、ようやく正式の指令として成立する運びとなる。(48)今回の九三年九月の委員会による指令案については、欧州議会と経済社会委員会[49]の意見が表明された後、九五年五月一六日、これらの意見に基づいて委員会が提案を修正[50]し、結局、同年一一月二七日に理事会が「共通の立場[51]」を採択するに至った。

すでに委員会からの当初の提案から三年近くが経過していることからも明らかなように、この指令案が加盟各国によって一致して歓迎されているわけではない。多くの国が統合的環境規制そのものは立法化しているとはいえ、その統一に関しては、さまざまな利害の対立があり、欧州議会などにおいても、多くの修正提案がなされている。[52]とりわけ、排出基準の統一などの強度の規制を求めるドイツなどの諸国と、各国の実情を強調する南欧諸国などとの対立は、当然に予想されるところである。[53]ドイツも、イギリスなどの主導による委員会提案には、かなり批判的な態度で終始してきた。EUレベルでの交渉に先立つ国内的な意思決定[54]のための連邦参議院[55]や連邦議会環境委員会[56]の意見表明においても、多くの点で反対意見が出されている。そして、そのかなりの部分が、委員会の修正提案や理事会の「共通の立場」に反映される結果となった。以下、「共通の立場」に示された指令案の基本的な内容を見ていくこととする。

（2）まず、この指令の目的であるが、大気、水、土壌への汚染を個別に回避するという従来のコンセプトは、環境全体を保護するのではなく、一つの環境媒体の汚染を他の媒体に移し変えることとなりかねないとする（前文八）。そこで、環境全体の高度の保護水準を達成するため、それらの汚染を廃棄物管理とも関連させて可能なかぎり防止し、あるいは削減するのが、統合的なコンセプトの目的であるとするのである（前文九、一条）。要するに、「環境全体（Umwelt insgesamt）」を高度に保護するための「統合的な（integriert）」防止策を加盟国に義務付けるのが指令の目的ということになる。[57]

この目的の実現のために、指令による規制の対象となる施設は、付表一に列挙されている。すなわち、大規模燃焼施設（火力発電所など）や精油所などのエネルギー産業、製鉄所などの金属産業、セメント工場などの金属以外の鉱物産業、化学産業、焼却場などの廃棄物処理、パルプ工場などのその他の産業といった六種類三一業種（多くは規模による裾切りがある）が規制の対象とされる。加盟国は、まず、これらの施設の事業者に対して、以下の義務を課すべきものとされる（三条）[58]。a、「とりうる最善の技術（beste verfügbare Techniken）」[59]によって環境汚染に対する適切な防止措置をとること。b、重大な環境汚染を引き起こさないこと。c、廃棄物の回避、再利用、適正な処理。d、エネルギーの効率的な再利用。e、事故の防止等の必要な措置。f、廃止後の危険防止や跡地利用のための必要な措置。そして、こうした義務の履行を確保するため、新規の施設については、この要件をみたす許可を得ることなく操業させてはならず、既存の施設についても、指令の施行後八年以内に指令に合致させなければならないとされるのである（四条、五条）。

環境全体の保護のため、この許可には、前記の要件の実施に必要な全ての措置が包括されていなければならない。とくに、許可においては、「とりうる最善の技術」に基づき媒体間の汚染の広がりなども考慮した当該施設による汚染物質の「排出限界値（Emmissionsbegrenzwerte）」が示されることとなる（九条）。ただし、ＥＵによって定められた「環境基準（Umweltqualitätsnorm）」の達成に必要な場合には、「とりうる最善の技術」以上の義務（たとえば、生産の削減など）を許可によって命ずることもできる（一〇条）[60]。なお、「とりうる最善の技術」の選択の基準については、付表四に列挙されているが、ここでは、環境への「全体的影響」の予防（付表四・一二）が強調されていることを指摘するにとどめたい。ちなみに、この許可に先だって、事業者による申請書類が一般の縦覧に供され、また、それに対する意見を提出する機会が与えられなければならないとされている（一五条）。

さて、大気、水、土壌についての全ての環境汚染を規制する許可制度の創設が義務付けられているものの、指令は、その全てを一つの官庁が管轄することまでも義務付けているわけではない。しかし、統合的なコンセプトを確保するために、許可手続に複数の官庁が関与する場合については、許可手続と許可による義務について、これを完全に調和させるための必要な措置をとるべきことが加盟国に義務付けられているのである（七条）。

最後に、一般に「指令（Richtlinie）」については、「規則（Verordnung）」と異なり、直接に加盟国の国内法としての効力を有するわけではなく、各国に国内法化の義務が課されるに過ぎない。[61]この指令についても、これが正式に決定されたとしても、その実施には各国による国内法化が必要になるが、その期限については、指令の施行後三年以内と定められている（二一条）。

（3）さて、これまでの審議の過程を見ると、各国間の調整のレベルにおいても、ドイツ国内の議論においても、全体的には極めて批判的な意見が強かったにもかかわらず、「統合的環境規制」のコンセプト自体に対する批判は見あたらない。当初の委員会案に対するドイツの連邦参議院や連邦議会環境委員会などの批判も、もっぱら「排出限界値」を加盟国が自由に決められるとされていたこと、「排出限界値」を越える施設についても例外的な許可が認められていたことなどに向けられており、その多くは、「共通の立場」においては修正されている。[62]問題は、ここでも、何が「統合的環境規制」として理解されているかであり、これによって、ドイツにおける国内法化のあり方も変わってくる。

すなわち、環境影響評価について問題となったように、この指令案にいう「統合的環境規制」あるいは「環境全体の保護」についても、狭義の「相互作用」への考慮を意味するに過ぎないと解する余地もある。すなわち、媒体間の汚染の移動、たとえば大気汚染による水質の汚濁や大気汚染防止措置による有害物質の産出などを問題にしていると解するわけで、こうしたことまで考慮した「とりうる最善の技術」で「排出限界値」を定め、許可の是非を決すべきこととなる。もし、今回の指令案についても、こうした理解に留まるのであれば、結局は、個別の媒体についての「排出限界値」の決め方、あるいは、それについての規制法の許可要件の定め方の問題ということになる。そして、こうした問題へのドイツ国内法の対応は、前節に見たように、すでに環境影響評価制度の導入に伴うイムミシオン防止法などの改正によって、一応は、解決されているといえる。(63)

これに対して、指令案の「統合的環境規制」の理解が広義の「総合評価」を含むものだとすると、問題は大きくなる。すなわち、施設の大気や水などへの影響全体を総合的に評価して、施設の許可の是非を決することを指令案が要求しているとすれば、個別の排出基準とは別に、総合的評価を理由とする許可の拒否を認めなければならないこととなる。この場合、大気汚染などについてのイムミシオン防止法による許可と水質汚濁についての水管理法による許可との合体を考慮しなければならないであろうし、少なくとも、それぞれの許可について、それぞれの排出基準に合致していても許可を拒否しうるという「拒否裁量（Versagungsermessen）」の承認は不可欠となる。

この点についての、指令案の立場は必ずしも明確ではない。官庁が許可に負担を付すか拒否することを認める旨の規定（八条）については、ドイツ国内において、許可要件に合致する場合の拒否裁量を容認するものであると理解し、これに反発する声があったが、(64)理事会側の理解では、そうした意味を持つものではないようである。(65)そのほか、「総合評価」を明確に命ずる規定はない。しかし、環境全体の保護を念頭においた「とりうる最善の技術」の採用を許可要件とする指令案のコンセプトは、こうした意味での「総合評価」を当然の前提としていることも理解できよう。(66)また、手続的に見ても、指令は、個別の媒体毎に複数の官庁が所轄することを認めていることは確かであるが、許可手続を調整することを要求することによって、手続の統一を求めていると解することも可能であろう。なお、ドイツにおける議論も十分とは言えないものの、少なくとも、「統合的環境規制」のコンセプトの実現のためには、統一的な許可制度の創設が合目的的であることは明らかであり、すでに、水管理法による許可制度のイムミシオン防止法への統合を説く論者も登場している。(67)

四　むすび

（1）「統合的」な環境規制のメリットさらには必要性は、もはや否定できないとしても、その最大の難点は、それによる規制の客観的な基準の設定の困難さにある。たとえ、それが本稿にいう狭義の「相互作用」の問題に留まるとしても、たとえば、大気汚染による水質への影響を客観的に把握し、それを反映した排出基準を作成することは容易ではなかろう。いわんや、それが広義の「総合評価」を意味するものであるとすれば、どの環境への影響を重視するかについての比較衡量ないしは政策判断がつきまとい、広い納得を得られるような客観的な基準を策定し、それを数値化することは不可能に近い。

イムミシオン防止法を中心とするドイツの許可制度においては、事業者の営業の自由が前提とされ、法定の要件に合致した申請については、申請者に許可の請求権が認められるというのが建前であった。(68)そうであるとすれば、許可については、明確に実体的な許可要件の定めを置くことは、必須である。そのためには、伝統的な大気や水といった媒体毎に明確な排出基準を定め、これを許可要件とするという規制方法が合目的的であったといえる。こうした従来の発想を前提とするかぎり、環境影響評価を媒介するにしろ、「統合的」な環境規制の考え方を持ち込むことについては、抵抗があるのは当然であろう。むしろ、環境影響評価がそうであるように、この考え方は、行政の意思決定のプロセスのあり方を問題としてきたアメリカあるいはイギリス的な「手続法的思考」の所産であって、もっぱら意思決定の内容の是非を問題としてきたドイツ伝統の「実体法的思考」とは容易には馴染にくいのであろう。(69)

いうまでもなく、昨今のドイツ行政法は、とくに計画法の分野を中心として、手続法的思考が広くまた深く浸透している。そもそも、許可手続ともに古い歴史を持つ計画確定手続については、その本質として、実体的要件規定による厳格な拘束という方向は早期に放棄され、広範な計画裁量を承認した上での較量原則によって拘束するという図式が所与のものとされてきた。また、同じ許可手続であっても、原子力法や水管理法による許可については、かなり早くから一定の裁量（とくに拒否裁量）が認められてきたし、イムミシオン防止法による許可についても、従来から計画法的な要素あるいは裁量の余地の承認を主張するものが少なくなかった。(70) それにも関わらず、これまで見てきたように、較量の要素を必然的に含む統合的環境規制の考え方をイムミシオン防止法へ導入することに抵抗が強いという事実は、なお、伝統的な「実体法的思考」へのこだわりが根強いことを示すものとして、興味深い。その意味では、この問題は、ヨーロッパ化によるドイツ法の変容の典型例としてみることもできることとなろう。(71)

こうした状況の背景としては、裁量の拡大が必ずしも官庁に歓迎されないというドイツの現状がある。すなわち、実体法的には、較量原則などの裁量統制技術の精緻化、手続法的には、第三者の参加手続や裁判所の統制密度の拡大によって、計画裁量などの裁量領域においては、官庁にとっては、あらゆる事情を考慮することを強いられ、反面、第三者や裁判所にとっては、あらゆる面からこれを攻撃できるというのが現実となっている。これに対し、法律により羈束が建前となっている領域においては、官庁は、法定の考慮事由のみを考慮し、法律のみを遵守すれば、裁判所などから文句を付けられる心配がなく、はるかに負担が軽いということとなるのである。[72]そこで、近年の最大の課題である許可手続の促進という要請[73]からも、イムミシオン防止法による許可手続が羈束行為であるという建前は、維持したいということとなる。

反面、許可手続促進の動きは、並行する許可手続全体を簡素化するという観点から、手続の統合化については、追い風となる。さらに、従来から進められてきた統一的な環境法典を制定しようという作業も、一定の前進を見せている。[74]したがって、許可手続の統合自体には、ドイツにとっても、さほどの違和感はないのであろう。結局、従来の媒体毎の許可要件をなるべく変更しないままで許可手続を統合するという方向が、ドイツにとっては、受け入れやすい選択ということとなりそうであるが、国内法化の過程においては、かなりの曲折が予想されよう。

（**2**）　わが国においても、ひさびさに環境影響評価法の立法化を目指した具体的な動きが進展しつつある。しかし、その立法化に際しては、立法化することのみに意味があるといった内容であってはなるまい。ＯＥＣＤ諸国の中で最後に環境影響評価を立法化することとなってしまった以上、その内容は、国際的な評価に耐えるものであって欲しいし、少なくとも、国際的な水準を満たしたものでなければなるまい。その意味では、ＥＣ指令は、一つの基準を示すものといえよう。

環境影響評価についての国際的な評価を考えた場合、その大きな指標は、それが官庁の許認可にきちんと反映される仕組みとなっているか否かであろう。評価の結果が許認可の是非の決定に影響を持つことは、その制度の実効性を担保するために必須であるとされるのが国際的な通念といえる。このことは、ＥＣ指令の改定作業の中でも、とくに強調されているところである。[75]こうした観点からは、環境影響評価の制度化の前提として、それを反映できるような統合的な許可制度の整備が考慮されてしかるべきこととなる。これが国際的な趨勢でもあり、また、オーストリアのように、環境影響評価の制度化を機会に、統合的な許可制度の実現に踏み切った先例もある。[76] もちろん、その場合の許可手続は、排出基準の遵守を中心とした単なる許可要件の審査の場ではありえず、その施設をめぐる広範な利害調整の場とならざるをえないであろう。そうした意味では、統合的な環境保護のための許可制度の立法化は、手続法の観点からは、行政手続法制における宿題の解決にもつながっていくこととなるはずである。

わが国においても、工場などについての統合的な許可制度は、未知の制度ではない。周知のように、媒体毎の国の規制法によって与えられた都道府県知事の権限を総合的に調整するために各都道府県に公害防止条例が制定されており、東京都の例のように、それによって工場の許可制を制度化しているものもある。[77]「公害」の鎮静化のためか、この制度が注目されることは一時ほど多くはないようである。しかし、環境影響評価制度のあり方ともからめて（また、行政手続法の制定をも機会として）、これらの条例の経験を検証し、そのあり方を再検討することも有意義であると思われる。

〔追記〕

本稿は、一九九六年一二月、同名で比較法（東洋大学）三四号に掲載したものである。なお、本稿の脱稿の直後の同年九月、その制定途上の「共通の立場」の段階で紹介しているＥＣ統合的環境規制指令が正式に指令として決定されるに至った。Richtlinie des Rates 96/61/EG über die integrierte Vermeidung und Verminderung der Umweltverschmutzung v. 24. 9. 1996, ABl. 1996, Nr. L 257, S. 26 ff. この指令は、数ケ所の細かな字句の修正がなされたほかは、内容的には「共通の立場」と同一であると言ってよい。同指令は、同年一〇月三〇日より施行されたが、その国内法化の期限は、施行から三年以内とされている。この指令については、とりあえず、本書序章注（32）を参照。

また、環境影響評価指令についても、本稿のテーマとの直接の係わりはないものの、一九九七年三月に大幅な改正がなされている。これについては、本書序章注（29）を参照。これら二つの指令は、ドイツにおいては、本書序章で触れた「環境法典」によって国内法化されることが予想されるが、国内法化の期限に間に合うか否かは微妙である。

わが国においても、その後の一九九七年六月、環境影響評価法が成立している。この法律においては、その対象事業が発電所や廃棄物処理施設といった事業全体についての許可制度を有するものに限定されており、大気汚染防止法などによる環境メディアごとの規制対象とされている一般工場などへの適用がないためもあって、環境影響評価のための統合的規制の必要性の問題は顕在化していない。今のところは、いわゆる「横断条項」によって、これらの許可において環境影響評価結果の考慮を可能にしておけば足りるということであろう。もちろん、環境影響評価のあり方の問題としては、メディア横断的な評価の問題は、課題として残されていると言える（浅野直人・環境影響評価の制度と法三六頁）。さらに、将来的に対象事業を拡大することとなると、当然に、この問題を考えなおす必要が生じよう。

（1）　これらの現行法による規制の全体構造については、原田尚彦・環境法［増補版］一〇八頁。
（2）　環境庁の設立までは、所轄官庁がばらばらであった。この点については、原田・前掲注（1）一三六頁。
（3）　個別の規制の総合化の必要を強調するものの一例として、磯野弥生「環境アセスメントめぐる諸問題」ジュリスト一〇一五号六七頁。
（4）　こうした指摘として、磯野・前掲注（3）ジュリスト一〇一五号六八頁。
（5）　環境影響評価における総合評価の必要性とそのあり方については、原科幸彦・環境アセスメント一一〇頁。
（6）　現在の条例による環境影響評価の考慮が行政指導としての意味に留まることについて、原田・前掲注（1）一九二頁。
（7）　Gesetz zum Schutz vor schädlichen Umwelteinwirkungen durch Lutfverunreinigungen, Geräusche, Erschütterungen und ähnliche Vorgänge (Bundes-Immisionsschutzgesetz) v. 1. 4. 5. 1990, BGBl. I S. 880 ff.

(8) ドイツの環境法制については、多くの紹介があるが、最近の状況を概観するものとして、東京海上火災保険株式会社編・環境リスクと環境法［欧州・国際編］九八頁。とくに、大気汚染防止のシステムについて、詳しくは、高木光・技術基準と行政手続三八頁。

(9) ドイツの計画確定手続、とくに集中効については、山田洋・大規模施設設置手続の法構造一一五頁。

(10) Richtlinie des Rates v. 27. 6. 1985 über die Umweltverträglichkeitsprüfung bei bestimmten öffentlichen und privaten Projekten (85/337/EWG), ABl. Nr. L 175, S. 40 f.

(11) Gesetz über die Umweltverträglichkeitsprüfung v. 12. 2. 1990, BGBl. I S. 1306 ff.

(12) 周知のとおり、一九九三年一一月のマーストリヒト条約の発効により、ヨーロッパ連合（ＥＵ）が登場したため、以後、原則として、ＥＣ法もＥＵ法と呼ぶべきこととなる。ただし、新制度においては、ＥＵ傘下の一機構である従来の「ヨーロッパ経済共同体（ＥＥＣ）」が新たに「ヨーロッパ共同体（ＥＣ）」と名称変更した。本稿で取り扱う環境影響評価指令は、主として一九九三年以前のものであるから、当時のＥＣの呼称を用いるべきことはもちろんである。しかし、統合的環境規制については、ＥＵの呼称を用いることとなる。ただ、環境政策は、従来のＥＥＣ、現在の（新）ＥＣの活動範囲に含まれる。そこで、本稿においては、やや正確を欠くが、現在にわたる記述についても、ＥＣの呼称を用いることがある。なお、ＥＣとＥＵの関係については、山根裕子・新版ＥＵ／ＥＣ法五頁。

(13) Richtlinie des Rates über die integrierte Vermeidung und Verminderung der Umweltverschmutzung＝Council directive on intergrated pollution privention and control.

(14) Richtlinie des Rates v. 27. 6. 1985 über die Umweltverträglichkeitsprüfung bei bestimmten öffentlichen und privaten Projekten (85/337/EWG), ABl. Nr. L 175, S. 40 ff. この翻訳として、山田敏之訳・外国の立法三一巻六号七〇頁。

(15) Gesetz über die Umweltverträglichkeitsprüfung v. 12. 2. 1990, BGBl. I. S. 1306 ff. この翻訳として、山

田敏之訳・外国の立法三一巻六号一二九頁。これについての全般的な紹介として、高橋信隆「環境アセスメントの法的構造」熊本大学教育学部紀要（人文科学）四二号一三頁。

(16) この方針は、ドイツの議会と政府を通じた早期からの一貫した方針であった。この点について、たとえば、Jarass, Umweltverträglichkeitsprüfung bei Industrievorhaben (1987), S. 2.

(17) 許可手続における環境影響評価の「考慮」の問題についての包括的かつ詳細な研究として、井坂正宏「環境親和性審査とドイツ行政法――環境親和性審査法一二条のもたらした問題について」自治研究七〇巻二号一一三頁。以下、本稿も多くこれに依拠している。

(18) 許可手続と計画確定手続の相違について、さしあたり、山田・前掲注（9）一八一頁。

(19) イムミシオン防止法による許可の集中効について、簡単には、山田・前掲注（9）一一九頁。

(20) この点についての判例を含めて、詳しくは、井坂・前掲注（17）自治研究七〇巻二号一二三頁。最近の文献として、Pauly/Lützeler, Fachbehördlicher Prüfungsumfang und parallele Genehmigungsverfahren im Umwelt- und Gefahrenabwehrecht, DöV 1995, S. 545 ff.

(21) この点について、たとえば、Jarass, aaO. (Anm. 16), S. 87 ff.

(22) 環境影響評価における総体的な評価の問題については、無数に文献があるが、代表的なものとして、Jarass, aaO. (Anm. 16), S. 29 ff.；Hoppe/Püchel, Zur Anwendung der Art. 3 und 8 EG-Richtlinie zur UVP bei der Genehmigung nach dem Bundes-Immissionsschutzgesetz, DVBl. 1998, S. 1 ff.；Steinberg, Bemerkung zum Entwurf eines Bundesgesetz über die Umweltverträglichkeitsprüfung, DVBl. 1998, S. 995 (998 ff.).；Wahl, Thesen zur Umsetzung der Umweltverträglichkeitsprüfung nach EG-Recht in das deutsche öffentliche Recht, DVBl. 1988, S. 86 ff.；Püchel, Die materiell-rechtlichen Anforderungen der EG-Richtlinie zur Umweltverträglichkeitsprüfung (1989), S. 105 ff.；Schmidt-Aßmann, Die Umsetzung der EG-Richtlinie über Umweltverträglichkeitsprüfung v. 27. 6. 1985 in das nationale Recht, in：Staat und Völkerrechts-

ordnung, Festschrift für Doehring (1989), S. 889 (899 f.). ; Dohle, Anwendungsprobreme eines Gesetzes zur Umwe ltverträglichkeitsprüfung, NVwZ 1989, S. 697 (702 f.). ; Soell/Dirnberger, Wieviel Umweltverträglichkeitsprüfung garantiert die UVP ? NVwZ 1990, S. 705 (708 ff.). ; Gallas, Die Umweltverträglichkeitsprüfung im immissionsschutzrechtlichen Genehmigungsverfahren, UPR 1991, S. 214 ff. ; Feldmann, UVP-Gesetz und UVP-Verwaltungsvorschrift, UPR 1991, S. 127 ff. ; Schink/Erbguth, Die Umweltverträglichkeitsprüfung im immissionsschutzrechtlichen Zulassungsverfahren, DVBl. 1991. S. 413 ff. Erbguth, Das UVP-Gesetz des Bundes : Regelungsgehalt und Rechtsfragen, Verw. 1991, S. 283 (309 ff.). ; Erbguth/Schink, Umweltverträglichkeitsprüfungsgesetz (1991), S. 238 ff. ; Lange, Rechtsfolgen der Umweltvrträglichkeitsprüfung für die Genehmigung oder Zulassung eines Projekts, DöV 1992, S. 780 (783 ff.). ; Vallendar, Bewertung von Umweltauswikungen, UPR 1993, S. 417 ff. ; Peters, Die UVP-Richtlinie der EG und die Umsetzung in das deutsche Recht (1994), S. 42 ff. ; ders. Bewertung und Berücksichtigung der Umweltauswirkungen bei UVP-pflichtigen BImschG-Anlagen, UPR 1994, S. 93 ff. ; Hoffmann-Riem, Von der Antragsbindung zum konsentierten Optionenermessen, DVBl. 1994, S. 605 ff. ; Landel, Die Umweltverträglichkeitsprüfung in parallelen Zulassungsverfahren (1995), S. 51 ff. ; Schmidt-Preuß, Der verfahrensrechtliche Charakter der Umweltverträglichkeitsprüfung, DVBl. 1995, S. 485 ff.

(23) こうした立場を代表するものとして、Hoppe/Püchel, DVBl. 1988, S. 4 ff. ; Püchel. aaO. (Anm, 22), S. 67 ff.

(24) 法定要件の改正を要するものとして、Hoppe/Püchel, DVBl. 1988, S. 8 f. ; Schink/Erbguth, DVBl. 1991. S. 417 f. 従来の不確定概念の解釈に読み込むことなどにより、従来の法によっても可能であるとするものとして、Soell/Dirnberger, NVwZ 1990, S. 709 ; Lange, DöV 1992, S. 784 f. ; Vallendar, UPR 1993, S. 419 f.

(25) このように、個別法の各許可手続において、手続本来の審査対象である媒体を中心として、他の媒体にも環境影響評価の手を伸ばしていき、全体として環境の総対的評価を制度化しようという方式を「星型モデル（sternförmig Modell)」と呼んでいる。これについて、Püchel, aaO. (Anm. 22), S. 66 f.

(26)　こうした方向を代表するものとして、Rat von Sachverständigen für Umweltfragen, Stellungnahme zur Umsetzung der EG-Richtlinie über Umweltverträglichkeitsprüfung in das nationala Recht, DVBl. 1988, S. 21 (26 f).；Wahl, DVBl. 1988, S. 87 f.；Steinberg, DVBl. 1988, S. 999 f.；Erbguth, Verw. 1991, S. 307 ff.；Lange, DöV 1992, S. 785 f.

(27)　環境影響評価における「代替案の評価」の問題については、山田・前掲注（9）三二二頁。

(28)　ただし、個別法の要件規定の改正により、こうした総合評価が可能となるとの見解として、Steinberg, DVBl. 1988, S. 999 f.；Lange, DöV 1992, S. 785 f.

(29)　従来の許可手続の構造を前提とすれば、こうした総合評価が不可能であるとする見解として、Schmidt-Preuß, DVBl. 1995, S. 491 f. これに対応するために、許可手続へ集中効を導入する必要性を説くものとして、Erbguth, Verw. 1991, S. 319.

(30)　この制度について、詳しくは、Landel, aaO. (Anm. 22). S. 151 ff.

(31)　Allgemeine Verwaltungsvorschrift zur Ausführung des Gesetzes über die Umweltverträglichkeitsprüfung v. 18. 9. 1995, GMBl. 1995, S. 617 ff.

(32)　Dritten Gesetzes zur Änderung des Bundes-Immissionsschutzgesetzes v. 11. 5. 1990, BGBl. I S. 870 ff. この改正法の解説として、Sellner, Änderung des Bundes-Immissionsschutzgesetzes――Allgemeine und anlagenbezogene Neuerungen, NVwZ 1991, S. 305 ff.

(33)　Verordnung zur Änderung der Neunten Verordnung zur Dürchführung des Bundes-Immissionsschutzgesetzes v. 20. 3. 1992, BGBl. I S. 536 ff. この改正施行令の解説として、Rebentisch, Die Neuerung im Genehmigungsverfahren nach dem Bundes-Immissionsschutzgesetz, NVwZ 1992, S. 926 ff.；Vallendar, Die

UVP-Novelle zur 9. BImSchV, UPR 1992, S. 212 ff.

(34) この経緯について、Sellner, NVwZ 1990, S. 306.

(35) Sellner, NVwZ 1990, S. 306, ; Lange, DöV 1992, S. 784.

(36) この意味を強調するものとして、Schmidt-Preuß, DVBl. 1995. S. 490 f.

(37) ただし、実施について多くの不明確な点が残されていることについて、Steinberg, Zulassung von Industrieanlagen im deutschen und europäischen Recht, NVwZ 1995, S. 784.

(38) Allgemeine Verwaltungsvorschrift zur Ausführung des Gesetzes über die Umweltverträglichkeitsprüfung v. 18. 9. 1995, GMBl. 1995, S. 617 ff. この規則の解説として、Spoerr, Die Allgemeine Verwaltungsvorschrift zur Ausführung des Gesetzes über die Umweltverträglichkeitsprüfung, NJW 1996, S. 85 ff. ; Mayen, Die Umweltverträglichkeitsprüfung nach dem UVP-Gesetz und UVP-Verwaltungsvorschrift, NVwZ 1996, S. 319 ff.

(39) この点について、Mayen, NVwZ 1996, S. 323 f.

(40) 環境影響評価との関係から、許可の羈束性の建前を批判するものとして、Hoffmann-Riem, DVBl, 1994, S. 605 ff.

(41) 統合的な環境規制の基本的な考え方については、ＥＵ指令の委員会案に付された提案理由に要領よくまとまっている。この理由書は、以下のドイツ連邦議会委員会報告に添付されており、これが参照には便利である。Begründung : Vorschlag für eine Richtlinie des Rates über die integrierte Vermeidung und Verminderung der Umweltverschmutzung, BT-Drucksache 12/6952, S. 6 ff.

(42) Steinberg, NVwZ 1995, S. 217.

(43) Begründung, BT-Drucksache 12/6952, S. 11.

(44) イギリスの統合的汚染規制については、東京海上・前掲注（８）七九頁。

(45)　各国の状況については、Begründung, BT-Drucksache 12/6952, S. 9 ff.

(46)　Vorschlag der EG-Kommission für eine Richlinie des Rates über die integrierte Vermeidung und Verminderung der Umweltverschmutzung, ABl. 1993. Nr. C 311, S. 6 ff.＝BT-Drucksache 12/6952, S. 24 ff.＝NVwZ 1994, S. 459 ff. この指令案の解説として、Sellner/Schnutenhaus, Die geplante EG-Richtlinie zu "Integrated Pollution Prevention and Control (IPC)" NVwZ 1993, S. 828 ff.；Schnutenhaus, Stand der Beratungen des IPPC-Richtlinievorschlags der EU, NVwZ 1994, S. 671 ff.；Wasielewskie, Die geplante IPC-Richtlinie der EU, UPR 1995, S. 90 ff.；Appel, Emissionsbegrenzung und Umweltqualität, DVBl. 1995, S. 399 ff.；Dürkop/Kracht/Wasielewskie, Die künftige EG-Richtlinie über die integrierte Vermeidung und Verminderung der Umweltverschmutzung (IVU-Richtlinie), UPR 1995, S. 425 ff.；Steinberg, NVwZ 1995, S. 217 ff.；ders. Problem der Europäisierung des deutschen Umweltrechts, AöR 1995, S. 549 (551 ff.)；Rebentisch, Die immissionsschutzrechtliche Genehmigung—ein Instrument integrierten Umweltschutzes？ NVwZ 1995, S. 949 ff.

(47)　「協力手続」の概略について、金丸輝男編・ＥＣからＥＵへ——欧州統合の現在八三頁。

(48)　Stellungnahme v. 14. 12. 1994, ABl. 1995, Nr. C 18, S. 54 f.

(49)　Stellungnahme v. 18. 17. 1994, ABl. 1994, Nr. C 195, S. 54 ff.

(50)　Geänderter Vorschlag für eine Richtlinie des Rates über die integrierte Vermeidung und Vermiderung der Umweltverschmutzung, ABl. 1995 Nr. C. 165. S. 9 ff.

(51)　Gemeinsamer Standpunkt (EG) Nr. 9/96 vom Rat festgelegt am 27. 11. 1995, ABl. 1996. Nr. C 87, S. 8 ff.

(52)　審議の経過については、Wasielewskie, UPR 1995, S. 90 ff.

(53)　Schnutenhaus, NVwZ 1994, S. 672.

(54)　この指令の国内法化に至る手続については、Breier, Aushandlung und Umsetzung von EG-Rechtsakten in der Bundesrepublik Deutschland, ÖJZ 1996, S. 343 ff.

(55)　Beschluß des Bundesrates v. 18. 3. 1994, BR-Drucksache 803/93(2), S. 1 ff.

(56)　Beschlußempfehlung und Bericht des Ausschusses für Umwelt, Naturschutz und Reaktorsicherheit, BT-Drucksache 12/6952, S. 1 ff.

(57)　ＥＣ法における統合的な環境規制のコンセプトについて、Sellner/Schnutenhaus, NVwZ 1993, S. 828 f.

(58)　当初の委員会案においては、加盟国政府の義務のみが規定され、事業者の義務規定はなかったため、批判の対象となっていた。この点について、Dürkop/Kracht/Wasielewskie, UPR 1995, S. 431 f.

(59)　この概念が指令全体の「かなめ」となるが、これについては、さしあたり、Dürkop/Kracht/Wasielewskie, UPR 1995, S. 430 f.

(60)　この指令における「排出限界値（Emmissionsbegrenzung)」は、施設から排出が認められる有害物質等の限界を意味し、「環境基準（Umweltqualität)」は、環境が満たすべき条件の総体をいう。そこで、本稿においては、一応、このように訳してみた。当初の案では、後者をＥＵ、前者を加盟国が決めることとされていたが、批判が多く、共通の立場では、前者についても、ＥＵが基準を決めうることとなっている。ただし、この両者の意味内容や関係については、このように訳すことが適当か否かを含めて、非常に複雑な問題があるが、本稿では詳細な検討は断念せざるを得ない。詳しくは、Appel, DVBl. 1995, S. 399 ff.

(61)　この点については、金丸・前掲注（47）三八頁。

(62)　この問題については、Appel, DVBl. 1995, S. 400 ff.

(63)　今回の指令の射程距離を制限的に解する傾向のものとして、Steinberg, NVwZ 1995, S. 218 f.

(64)　Sellner/Schnutenhaus, NVwZ 1993, S. 830 ff. この拒否裁量の承認に積極的なものとして、Appel, DVBl. 1995, S. 497 ff.

(65) Dürkop/Kracht/Wasielewskie, UPR 1995, S. 433.

(66) 個別法の要件規定の改正による対応を不可であるとするものとしては、Dürkop/Kracht/Wasielewskie, UPR 1995, S. 429 f.

(67) Dürkop/Kracht/Wasielewskie, UPR 1995, S. 432 f.

(68) 許可のこうした構造を重視する近年の例として、Schmidt-Preuß, PDVBl, 1995, S. 490 f.

(69) こうした点を指摘するものとして、Hoffmann-Riem, DVBl. 1994, S. 610.

(70) この点について、さしあたり、山田・前掲注（9）一八二頁。

(71) 類似の指摘として、井坂・前掲注（17）自治研究七〇巻二号一二五頁。

(72) このことを示す一例として、近年、手続の促進の観点から、従来は計画確定手続によるものとされていた廃棄物処理施設（埋立処理施設を除く）について、羈束行為たるイムミシオン防止法による許可手続によることに改められたという事実を挙げることができる。これについては、山田・前掲注（9）三五八頁。

(73) 手続の促進については、山田前掲注（9）三四四頁。

(74) 環境法典については、藤田宙靖「ドイツ環境法典草案について」自治研究六九巻一〇号三頁。これとの関連で統合的環境規制を論ずるものとして、Breuer, Empfiehlt es sich, ein Umweltgesetzbuch zu schaffen, gegebenfalls mit welchen Regelungsbereichern? Gutachten zum 59. DJT 1992, B42 ff.

(75) Richtlinie 97/11/EG des Rates v. 3. 3. 1997 zur Änderung der Richtlinie 85/337/EWG über die Umweltverträglichkeitsprüfung bei bestimmten öffentlichen und privaten Projekten ABl. 1997, Nr. L 73, S. 5 ff. とくに、この点について、Schink, Gemeinschaftsliche Fortentwicklung der UVP, DVBl. 1995, S. 73 (80 f.).

(76) Bundesgesetz über die Prüfung der Umweltverträglichkeit und die Bürgerbeteiligung, BGBl. 697/1993. オーストリアにおける環境影響評価と許可手続の関係については、さしあたり、Ritter, Umweltverträglichkeits-

prüfung (1995), S. 59 ff. さらに、本書第三章第三節。

(77) 公害防止条例による工場の許可制について、一般的には、原田・前掲注(1)一五二頁。

第二節　行政手続促進論の展開
――ドイツ行政手続法の改正をめぐって――

一　はじめに

（1）　九〇年代に入って本格化したドイツにおける行政手続促進への潮流は、すでに別稿においても指摘したが、(1) ドイツの再統一とヨーロッパの市場統合を背景としていた。すなわち、前者による旧東ドイツ地区のインフラ整備と産業振興の要請は、それに要する許認可などの手続の促進が不可欠なものであることを認識させることとなった。一方、後者による各国間の経済競争の激化は、手続の長期化による許認可などの遅延が経済競争におけるドイツの立場を悪化させるのではないかという危機感を生んできた。「ドイツの立地条件（Wirtschaftsstandort Deutschland）」の改善は、もはや一つの政治的スローガンとなっている。(2)

こうした要請をうけて、連邦のレベルにおいても、すでに行政手続の促進のための立法措置が数回にわたって実施されてきた。(3) すなわち、まず、一九九二年一二月、旧東ドイツ地区五州とベルリン州（これらの地区と旧西ドイツ地区との接続路線を含む）における連邦鉄道、連邦遠距離道路、連邦運河、空港、市街電車の整備促進をはかる「交通計画促進法」(4) が成立した。同法は、これらの事業について、正式の計画確定手続に先行する路線決定などの手続の簡素化を定める一方、計画確定手続自体についても、手続の各段階についての標準的な処理期間の法定、時機に遅れた関係行政機関の意見の排除、関係者などの同意がある場合などにおける「計画許可」の採用による住民参加手続の省略、などの手続促進策を規定している。その他、裁判手続についても、連邦行政裁判所による一審制の採用など、その促進策が規定されていた。ただし、同法は、旧東ドイツを中心とする前記の地区に適用範囲が限定されていた上、一九九五年末（鉄道については一九九九年末）までの時限立法であった。

つぎに、一九九三年四月に成立した「投資促進および宅地供給法」(5)にも、投資促進策の一貫として許認可手続などの促進策が規定された。その主な内容は、国土整備手続における環境影響評価の任意化、埋立処分場以外の廃棄物処理施設についての計画確定手続から許可手続への移行などであった。さらに、同年の一二月には、「交通計画手続簡素化法」(6)が成立し、前記の交通計画促進法による計画確定手続の促進策のほとんどが、ドイツ全土に無期限で適用されることとなったのである。そのほか、手続の省略のため、道路などの計画自体を法律の形式で定めるという手法も採用され、一九九三年以降、いくつかが成立している。(7)

（２）　しかも、その後も手続促進の流れは留まるところを知らず、連邦政府も、より包括的な手続促進の立法措置を検討し続けてきた。すなわち、一九九四年の初め、連邦政府は、前連邦行政裁判所副長官シュリヒターを座長とする八名からなる専門家委員会を成立し、包括的な計画および許可手続の促進策について諮問した。これをうけて、同委員会は、同年の末、行政手続自体の改正を含むきわめて詳細かつ大部の報告書を発表するに至った。(8)この報告書を基にして、与党連合と政府関係部局との作業部会が法案化作業を開始し、報告書の内容にかなりの修正を加えながら、翌九五年末までに法案を完成させるに至った。この結果、行政手続法改正を中心とする「許可手続促進法」案(9)、連邦イムミシオン防止法改正案(10)、行政裁判所法改正案(11)の三案が政府決定され、連邦参議院の意見を徴したのち、一九九六年三月、連邦議会に提案されることとなった[12]。

とくに許可手続促進法案について、議会審議の経過を見ると、まず、参議院については、かなりの修正要求を出しているものの[13]、その多くは確認的な字句の修正などに関するもので、法案の骨格に関するものとは言いがたい。おそらく、これは、もともと手続促進が参議院の代表する各州政府の強い要求によるものであるという事情によるものであると思われる。そもそも、参議院は、この法案に先だって、自ら「施設許可手続の促進と簡素化によるドイツの立地条件の確保に関する法律」[14]案と題する本法案と類似内容の提案をしており、これが本法案にも取り入れられているのであるから、本法案に基本的に反対する理由はない。野党の対応についてみても、緑の党などが反対に回っているのは当然としても、社民党は、内務委員会の審議において、結果的には政府案に反対したものの、その修正案は参議院修正案と類似のものに過ぎず、これも政府案の骨格に反対するものではないようである[15]。ただし、議会における参考人の意見聴取においては、研究者などから、批判的な意見が相次いだ様子である[16]。

結局、一九九六年九月、許可手続促進法[17]は、政府提案のとおり無修正で成立し、すでに施行されている（ちなみに、残りのイムミシオン防止法[18]および行政裁判所法[19]の改正法についても、同年中に相次いで成立している）。この法律の成立によって、循環経済および廃棄物法、原子力法、水管理法の一部とともに、連邦の行政手続法がかなりの改正を被ることとなったのである。

（**3**）　周知のとおり、ドイツにおける連邦の行政手続法は、一九七六年に成立し、翌年から施行されている。そして、法律の改正が頻繁になされるドイツとしては珍しく、その後二〇年にわたって実質的な改正がなされずにきた。今回の改正は、同年五月の改正[20]（「行政行為の撤回」に関するもの）と並んで、はじめての本格的な行政手続法の改正と位置付けられることとなる。

今回の改正を行政手続の促進の流れの中で見るとき、その内容は、計画簡素化法などによる個別法の改正によって既に立法化された措置を取りまとめた部分が多く、必ずしも目新しいものばかりではない。しかし、あえて一般法たる行政手続法の中にこうした措置が組み込まれたことは、手続促進の流れの一つの到達点として、あるいは、行政手続論の一つの分水嶺として、無視しがたい象徴的な意味合いを持つものと思われる。さらに、その内容には、従来の立法を越えた見落とすことのできない改正点も含まれている。以下、今回の改正の概略について、従来の立法や議論の流れを踏まえながら、検討を加えることとしたい(21)。

二　手続的瑕疵の効果

（1）　計画確定手続などのインフラ整備のための行政手続は、それに関連する利害や法律が多岐にわたるため、手続のあり方も極めて長期かつ複雑なものとなる。たとえば、法律上、意見を聴くべき利害関係者や関係官庁の極めて多数にのぼることとなるし、そこに関与する行政職員も多数になる。その結果、手続の途上において、意見を聴くべき者の意見を聴き漏らしたり、関与を禁じられている職員が手続に関与するといった手続的瑕疵が生ずる確率も高くなってくる。
とりわけ近年、「手続による基本権保護」といったスローガンの下、計画確定決定などについての裁判の場において、その手続的瑕疵が争われる例が多くなり、裁判所も、これを厳格に審査する傾向が強まってきた。その結果、これらの審理のために裁判手続が長期化するばかりでなく、決定が手続的瑕疵を理由として裁判所によって取消され、事業が中断するといった例が目に付くこととなった。これによって、当該事業の実施が遅延するのはもちろんのこと、より一般的に、事後の裁判への憂慮から行政機関が必要以上に大事を取って慎重に手続を進行させる傾向が生まれ、手続の遅延に拍車がかかることとなる。

もっとも、一般に、ドイツの行政手続法は、もともと手続的瑕疵を理由とする処分の取消しには消極的な傾向があり、手続的瑕疵の裁判における効果を制限する明文規定を置いていた。すなわち、手続的瑕疵についての治癒を広く認めるほか、それを理由として処分を取消しても同内容の処分のくり返しが予想される場合には、手続的瑕疵を理由とする取消しを認めないこととしてきたのである。しかし、これらの規定は、その内容上、とりわけ計画確定手続には働きにくい性格があり、この分野での手続的瑕疵による取消判決が目立つこととなっていた。もちろん、これらの規定は、行政手続一般に関する規定であり、今回の改正も行政手続一般に関係することにはなるが、改正の主たる狙いは、それらの計画確定手続における適用の余地を拡大することにあると見られるのである。

（**2**）まず、手続的瑕疵の治癒については、同法四五条一項によって、五種類の手続的瑕疵（申請、理由付記、関係者の聴聞、委員会の議決、関係官庁の参加）について、処分後の追完によって治癒することを認めている。ただし、従来の同条二項は、申請以外の追完について、不服申立手続の終了の時点まで（不服申立手続が為されない場合には訴訟の提起まで）に限定していた。したがって、たとえば訴訟の場において手続的瑕疵が判明したたといった場合には、それから追完することによって処分の効力を維持することは、もはや許されなかったわけである(22)。

とくに、計画確定決定については、通常は訴訟要件とされている不服申立ての前置がはずされている（同法七四条一項、七〇条)。その結果、手続的瑕疵なども訴訟の場で直接に主張されることとなるが、その時点では、もはや追完によって瑕疵を治癒することができないこととなる。結局、従来、計画確定手続については、追完による手続的瑕疵の治癒によって決定が取消しを免れるという事態は、考えにくいこととなる。

これに対して、今回、同条二項が改正され、追完は「行政裁判手続の終了の時点まで」認められることとなった。これに対応して、行政裁判所法も改正され、裁判所が行政庁に対して手続的瑕疵の治癒の機会を与えるために口頭弁論を三か月以内延期できること(八四条一項二文七号)、裁判所が申請により手続的瑕疵の治癒のために審理を中断することができること(九四条二文)が新たに規定されることとなった。政府案においては、治癒の機会を与えなければ手続的瑕疵を理由とする取消判決をしてはならない旨の規定(一一四条)までおかれていたが、これは議会審議の過程で削除されている。(23)

これによって、行政庁としては、手続の過程において手続的瑕疵を見逃していても、訴訟の場における相手方の主張を待って、場合によっては、裁判所の反応まで確かめてから、これを追完することによって勝訴することが可能となった。しかも、こうした追完は、文言上は、一審手続だけではなく、(事実審理をしないこととの関係で問題は残るもの)連邦行政裁判所の手続の場においても可能であるとされている。(24) 行政庁としては、せいぜい訴訟費用の負担を命ぜられることを覚悟すればよいわけで、(25) 従来よりかなり安心して手続を進行させることができることとなろう。反面、このような立法によって、手続規定への違反に対する歯止めを除去してしまうことについては、強い憂慮や批判があることはもちろんである。(26)

(**3**)　さらに、わが国においても広く紹介されているとおり、同法四六条は、手続的瑕疵を帯びた行政行為について、「内容的に異なった決定がなされえなかった場合」には、手続的瑕疵を理由として取消しを請求できない旨を規定している。要するに、法的に覊束された処分については、その内容が適法であれば、それを手続的瑕疵を理由として取消したとしても、行政庁は同内容の処分をくり返すことを法的に義務付けられており、取消しは無意味であるとしているわけである。しかし、この規定については、立法当時から、その妥当性を疑問視する声が多く、その解釈についても争いが絶えない。おそらく、同法において最も議論の多い条文であると言えるであろう。(27)

いずれにせよ、この規定が法的に覊束された処分を対象とするものである以上、計画裁量を本質とする計画確定手続には無縁の規定であったはずである。しかし、考えてみれば、裁量行為の場合にも、手続的瑕疵が決定の内容に影響を与えなかったという場合もありうるわけで、こうした場合にも、取消しは無意味であるとも考えられる。とりわけ、計画確定手続などについては、こうした軽微な手続的瑕疵を理由に決定が取消されることとなれば、事業の遅延などによる公益への影響は計り知れない。そこで、近年の判例の中には、計画確定手続についても前記の四六条と類似の理論を適用して、手続的瑕疵が決定の内容に影響を与えなかった場合、いいかえれば手続的瑕疵と決定内容との間に「因果関係」が認められない場合には、手続的瑕疵は決定の取消事由とはならないとするものも登場していた。(28)しかし、こうした判決に対しては、四六条の立法趣旨に反するなどといった批判が目だっていた。

これをうけて、今回の四六条の改正によって、従来の「内容的に異なった決定がなされえなかった場合」に加えて、「違反が決定の内容に影響を与えなかったことが明らかな場合」についても、手続的瑕疵を理由とする取消しは請求できないこととされた。このうち、前者が覊束行為に適用され、後者が裁量行為に適用が予定されることとなる。実は、同法の立法過程を見ると、一九七〇年に初めて議会に提出された政府案(29)の段階までは、（やや文言は異なるが）後者が条文化されていたのである。それが、とくに行政手続の裁量行為における意義を重視する学説の批判に応えて、七三年政府案[30]の段階で後者が削除され、そのまま法律となったという経緯がある。今回の改正によって、同条は、時代の変化を反映して四半世紀ぶりにオリジナルの草案の形に戻ったことになる。

先にも述べたとおり、同条については、従来のものについてすら、手続の意義を軽視するものであるとの批判が強く、これを限定的に解釈すべきであるとする学説が目立っていた。また、その実際の適用についても、多くの疑義が残されていたのである。これに逆行する形で、やや唐突な今回の改正によって同条の適用領域が大きく拡張されたことに対しては、当然のことながら、学説の強い反発が予想される[31]。その解釈適用についても、新たな問題が続出することになろう。前記の手続的瑕疵の治癒の問題と合わせて、当分、大きな議論を呼ぶものと思われる。

三　計画確定手続の促進

（**1**）　今回の改正法のタイトルからも明らかなように、改正の目的は、行政手続一般というよりは、公共施設などの設置手続の促進である。周知のとおり、こうした手続は、道路や空港などについての計画確定手続と発電所や工場一般などについての（伝統的な意味での）許可手続とに二分されることになるが[32]、後者は、行政手続法ではなく、イムミシオン防止法の領域である。したがって、行政手続法の改定の眼目は、当然のことながら、計画確定手続の促進ということになる。

先に触れたとおり、計画確定手続については、とくに交通関係施設を対象として、すでに交通計画簡素化法による個別法の改正によって、手続の促進策が立法化されている。今回の行政手続法の改正において、同法の計画確定手続の規定が相当に手直しされたが、内容的には、すでに簡素化法で個別法に立法化されているものばかりで、目新しいものはない。ここでも、基本的な柱は、手続の各段階における処理期間の法定と簡易な手続である「計画許可」制度の導入であり、その規定内容も簡素化法を踏襲している。したがって、今回の改正の直接的な効果は、これらの促進策が交通関係から計画確定手続一般に拡大されることにあるといえる。そこでは、いうまでもなく、簡素化法による手続促進策が一定の成果を上げてきているという立法担当者による判断が前提となっているのである。(33)

（２）　計画確定手続の規定を見る前に、行政手続一般に適用される規定として立法化された促進策を見ておくこととしたい。まず、行政手続一般の原則的な非要式性を定めた一〇条が改正された。従来、その二項は、行政手続の実施について、「簡素かつ合目的的」でなければならないと規定していたが、これが「簡素、合目的的かつ迅速（zugig）」でなければならないと改正されたのである。もちろん、この規定は、一般的な訓示規定であり、規範的な意味は薄いであろう。(34)しかし、これによって、その「迅速性」が行政手続のあり方についての基本原則にまで高められたとも言えるわけで、手続促進の流れの到達点を象徴するものとして注目すべきであろう。

そのほか、従来の行政手続法（一七条四項二文、六七条一項四文、六九条二項二文、同三項二文、七三条五項四号、同六項四文、七四条五項一文）は、各種の送達について（口頭審理の通知や決定の送達など）、相手方が三百を越える場合には、個別の送達に替えて公示送達によることを認めていた。それが、今回の改正によって、五〇を越える場合に公示送達によることができることとなった。おそらく、実務的には、かなり行政機関の負担軽減の実益を持つこととなろう。(35)

（3）　つぎに、計画確定手続自体については、手続の各段階毎に、処理期間が法定された（七三条各項）。計画確定手続は、おおよそ、事業者による計画書類の提出に始まり、地元における書類の縦覧と関係者による意見書の提出（異議申立て）、（前者と並行して）関係官庁への意見照会とその意見提出、口頭審理、聴聞機関による意見書の作成、計画確定決定という流れで進む。このうち、書類の縦覧期間（一か月）と異議申立期間（二週間）については法定されていたものの、従来、それ以外の期間の定めはなされていなかった。そのため、地元の自治体が書類の縦覧に協力しなかったり、意見書を提出しないといった事態が生じ、手続の長期化の一因とされてきた。

そこで、今回の改正により各段階の処理期間が法定されたわけであるが、まず、事業者による書類提出から起算して、三週間以内に書類縦覧（従来どおり一か月）が開始され、その後、関係者の異議申立て（従来どおり二週間）がなされる。一方、同じ時期から一か月以内に関係官庁への意見照会がなされるが、意見の提出は三か月以内に限られる。異議申立期間の経過後、三か月以内に口頭審理が開催されることになる。この結果、計算上は、事業者による計画書類の提出から半年ほどで口頭審理が終了することとなる。この内容は、先の計画簡素化法によって連邦遠距離道路法などに挿入されたものと（一部の手直しがなされているが）ほぼ同一である。

これらの期間は、あくまで努力目標に留まり、その遵守を担保する法的な措置は規定されていない。ただし、関係官庁からの早期の意見提出を促すため、口頭審理後に提出された意見は原則として考慮されないこととされているのが注目される（七三条三a項）。

（4）　関係者の異議申立てについては、従来から縦覧期間終了から二週間以内という期間の制限が法定されていたが、今回の改正によって、これに「（実体的）排除効（Präklusionswirkung）」が付されたことが注目される。この排除効の制度は、要するに、事前の行政手続において期間内に異議申立てをしなかった者は、当該手続において意見を考慮されないだけでなく、事後に決定に対する訴訟提起もできなくなるという制度である。さらに、異議申立てをした場合においても、そこで主張しなかった事項は、事後の訴訟においても主張できなくなる。これによって、判断に必要な全ての事項が行政手続の場に登場することが保証される一方、新たな主張の乱発によって訴訟手続が遅延することが防止できるとされてきた。[36]

この排除効の制度は、本来は、イムミシオン防止法（古くは営業法）における許可手続において採用されていた制度である。そして、そこでの排除効が裁判手続からの排除をも意味するのか、そのように解することが出訴の途を保障した基本法に反しないか、などが争われてきた。しかし、この争いについては、連邦憲法裁判所の決定[37]により、合憲であることで一応の決着が着いている。一方、計画確定手続については、従来は排除効の規定はなく、異議申立てをしなかった者も出訴を妨げられることはないとされてきた。

ところが、近年、この排除効の制度が手続の促進策として注目されることとなり、計画確定手続にも、その導入が考えられることとなった。すでに、一九九〇年の法改正[38]により、連邦遠距離道路法と連邦鉄道法による計画確定手続については、排除効が立法化されていた。それが、今回の行政手続法の改正により、計画確定手続一般に拡大されることとなる。すなわち、今回の改正により、七三条四項三文として、「異議申立期間の経過により、特別の私法上の権原によらない全ての異議は排除される」とする規定が挿入された。この規定は、イムミシオン防止法などの規定とほぼ同一であって、こうした規定が前述のような排除効を意味するという解釈が定着しているわけである。これも、計画確定手続と事後の訴訟手続との両面について、大きな影響が予想される改正と言える。[39]

（５）　計画確定手続に関する促進策のもう一つの柱は、計画確定手続に替わる「計画許可」の制度の導入である。

すなわち、新たに挿入された七四条六項によると、他人の権利を侵害しないか所有権者などの権利者が書面で同意した場合で、かつ、関係官庁なども同意した場合には、計画確定決定に替えて計画許可によることができるとされる。この計画許可は、計画確定決定と同様の効力（集中効など）を有するものの、計画確定手続の手続規定が適用されない。すなわち、関係者による異議申立手続などが（環境影響評価を含めて）全て省略されることとなるのである。[40] さらに、他人の権利や公益に全く影響しない場合などには、計画許可すらも省略できる（同七項）。

もっとも、全ての権利者などが同意している場合などには、手続を実施しても遅延の恐れはなく、こうした場合に計画許可によって手続を省略しても促進にはならないとも考えられる。しかし、計画確定手続において異議申立てを認められる利害関係者の範囲は、権利者よりもかなり広いとされ、実質的には無制限であるとすら言われてきた。さらに、自然保護法二九条によって、一定の自然保護団体などにも異議申立権が認められている。したがって、限定された範囲の権利者などの同意によって手続を省略でき、それ以外の者の意見を聴かなくて済むとすることには、それなりの意味があるということであろう。[41]

この計画許可の制度も、すでに、交通関係の計画確定手続については計画簡素化法によって導入されており、実例も少なくないようである。ただし、これによって改正された個別法においては、計画許可採用の要件について、他人の権利に「侵害を加えない」場合に限るものと、「重大な侵害を加えない」ことで足るとするものがある。行政手続法は、前者によったわけであるが、個別法が優先するため、今後も当面は不統一が残ることとなる。[42]

（6）　最後に、較量過程の瑕疵の効果も制限された。周知のとおり、計画裁量については、判例上、較量原則による制約があるとされ、それについての精緻な理論が構築されてきた。そして、計画確定手続についても、これに沿って、決定に至る較量過程について、考慮されるべき事項が考慮されたか否かなどが裁判所によって詳細に審査され、現実にも、較量過程の瑕疵を理由として決定が取り消されるといった事態が少なからず生じていた。そして、これも事業の遅延の一因として問題視されることとなっていた。

そこで、今回の改正により、新たに七五条一a項が挿入され、較量過程の瑕疵について、それが「明白で較量結果に影響を与えた場合」にのみ、決定の効力を左右することとしたのである。こうした規定は、もともとは、一九七九年の改正によって当時の連邦建築法に挿入され、建築管理計画について適用されてきた。以来、多くの批判や議論を呼びながら、現在の建築法典二一四条三項二文に受け継がれている(43)。計画確定手続についても、これも、交通関係のものについて計画簡素化法によって個別法に条文化されている。先に見た手続的瑕疵の効果に関する条文などとも類似の発想に立つものであり、本来の建築法においても批判の多かった条文であるだけに、今後、議論を呼ぶこととなろう(44)。

四　許可手続の促進

(1)　今回の改正の中で目を引く部分は、従来の「非要式手続」(通常の行政手続)、「要式手続」(実際の適用例は少ない)そして計画確定手続という三種類の手続類型と並んで、新たに「許可手続(Genehmigungsverfahren)」と称する手続類型が法定され(七一aから七一e条)その促進策が規定されたことである。この「許可手続」は、従来、イムミシオン防止法や原子力法などによる(計画確定手続を除く)施設設置手続の総称として常用されていた許可手続という通称とは全く観点を異にした手続類型であり、純粋に手続促進策の法定のみのために作り出された異色の手続類型と言える。

すなわち、ここでいう許可手続とは、「経済的な事業におけるプロジェクト実施を目的とする許可の付与のための手続」であるとされる（七一a条）。これに何が含まれるかについては、厳密には必ずしも明らかではないが、おそらく各種の事業についての営業許可手続などが想定されているものと思われる[45]（計画確定手続は、明文で適用が除外されている）。経済活動の多くについては、法的規制が錯綜しており、複数の官庁の影響が絡み合って、申請者にとって不透明かつ煩瑣な手続となってしまう例が少なくない。これについて、市民とのコミュニケーションの重視という近年のドイツの手続理念に基づきつつ、わかりやすい形に整理し、事業の促進をはかるのが立法の目的といえる。[46]

まず、一般に、こうした許可手続については、許可官庁は、前記の改正一〇条によって行政手続全般に要請される迅速化を越えて、手続を相当な期間で終結させ、さらに申請によって特別に促進させることができるように、法的あるいは事実上の可能な措置をとるものとする、とされる（七一b条）。これによって、以下に規定されている措置以外にも、各官庁が独自に手続促進のための措置（制度の創設や人員の配置など）を実施することが期待されているのである。[47]具体的には、従来から提唱されて、すでに一部で実施されているプロジェクト・マネージャー制や申請者の費用負担による（特別の人員などの配置増による）手続促進などが想定されているものと思われる。

（2）　もっとも、本法自身が用意している促進策は、それほど多くはない。第一の柱は、許可官庁による情報提供の拡大である。まず、可能な手続促進策について情報が提供されなければならない（七一c条一項）。さらに、申請の以前に、いかなる証拠書類などを提出すべきか、どのような鑑定が手続で評価されるか、どのような措置を利害関係者などにとるべきか、あらかじめ裁判によって事実を確定しておくことが必要か否か、について申請者との協議に応じるべきこととされる（七一c条二項）。要するに、手続における審査を短縮するために申請者の側で事前になしうる準備を協議するわけである。また、申請後には、遅滞なく、申請書類などに不備がないか否か、どのくらいの期間が手続に予想されるか、について通知すべきこととされるのである（七一c条三項）。

つぎに、複数の官庁が手続に関与する場合の措置として、まず、許可官庁は、申請者の要請によって、申請者と関与する諸官庁との協議の場を設けるべきこととされる（七一e条）。さらに、とくに申請者の要請があった場合などには、許可官庁は、関与する諸官庁に対し、一定の期間内に意見を提出することを要求することができる（これを「星印手続（Sternverfahren）」と呼ぶ）。そして、この期間の経過後に提出された意見は、原則として手続において考慮の対象とされないこととなったのである（七一d条）。これによって、関係官庁間の意見の調整などによって手続が不当に遅延し、申請者が不利益を受けるといった事態が避けられるというわけである。

（**3**）　ここに規定されている措置は、ほとんど行政の内部的な措置によっても実現可能な措置であり、実務上は、すでに一部で実施されているものも少なくない。さらに、申請者に新たな手続的権利を付与するものでもないし、第三者などの既存の手続的権利に制約を加えるものでもない。したがって、必ずしも法改正を必要とするものでもなかったとも言える。[48] むしろ、政府の提案理由も明言するとおり、新たに挿入された許可手続に関する諸規定は、許可官庁に対して、手続促進のために可能な措置を実施すべきことを促すシグナルとしての機能が期待されているものと言える。[49] だからこそ、それが適用される許可手続の範囲が必ずしも明確でなくとも足りるということであろう。それだけに、この制度の実効性は、これをうけて各官庁が実施する促進策の内容にかかってくることとなろう。

五　む　す　び

（1）　周知のとおり、ドイツにおいては、今回の改正の対象となった連邦の行政手続法と並んで、各州が州行政手続法を持っている。そして、州の行政機関によって実施される行政活動については、州法に基づくものはもちろん、連邦法に基づくものについても、州の行政手続法が適用される仕組みとなっている（連邦行政手続法一条三項）。一方、ドイツの現行制度においては、連邦法の執行についても、連邦自身の行政機関によってなされることは希であり、その多くは州の機関によって執行されることとなる。たとえば、大規模プロジェクトについての計画確定手続についても、連邦の機関が実施するものはドイツ鉄道や連邦運河などについてのものに留まり、連邦遠距離道路法に基づく道路や連邦航空交通法に基づく空港など、その多くが州の機関によって実施されることになる。その結果、多くの行政手続は、州の行政手続法によって実施され、連邦の行政手続法が適用される事例は、実際には必ずしも多くはない。

もっとも、従来の行政手続法は、連邦と各州との間で内容的な違いは全くなく、どちらが適用されても実質的には全く違いは生じないこととなっていた。そもそも、行政手続法の制定に際しては、連邦および各州の内務省による合同委員会によってモデル草案が準備され、それに沿って、ほぼ同時に連邦と各州の立法がなされたという経緯があり、両者の間に食い違いが生じないように配慮されてきた。さらに、これに沿って連邦や各州における個別法の手続規定も整理が進められたのである。

ところが、今回は、連邦政府の主導によって、連邦の行政手続法のみが改正された。もちろん、州政府を代表する連邦参議院の審議を経ている上、政府案の立案過程においても各州の意見が徴されている。[50] そもそも、手続の促進は、州政府の要求でもある。しかし、合同委員会による草案作成という手続が踏まれていないため、各州が直ちに連邦に追随するという保証はなく、少なくとも当面は連邦と各州との行政手続の食い違いが残ることとなる。しかも、各州の行政手続法が適用される場面がほとんどであるという現実を前提とすれば、これが改正されない限りは、今回の立法目的である手続促進の効果は薄いわけで、[51] 各州の対応が注目される。

（2）　さらに、とくに計画確定手続などについては、行政手続法の規定に統一を図ることが当初からの基本的な方針であったにもかかわらず、冒頭で述べたような手続促進の流れの中で、交通計画簡素化法などによって連邦遠距離道路法などの個別法に多くの特別規定がおかれることとなった。もちろん、これらは一般法である連邦や各州の行政手続法に優先する。これら特別規定の内容の多くは、今回の改正によって連邦の行政手続法に取り込まれたわけであるが、個別法の整理は、見送られている。すなわち、前述のとおり、たとえば、州の行政機関によって実施される連邦道路の計画確定手続については、一般法としては各州の行政手続法が適用されることとなるから、これが改正されない限り、連邦の行政手続法が改正されても、連邦遠距離道路法の特別規定を整理するわけにはいかないのである。

行政手続法の不統一は、手続の混乱を招き、さらには決定の手続的瑕疵の原因ともなりかねない。そして、これが手続の遅延にもつながるとすれば、今回の立法の目的とも矛盾する結果となる。[52] したがって、その統一は、緊急の課題ということとなるが、必ずしも容易ではあるまい。まず、今回の連邦の行政手続法の改正に準拠して、各州がそれぞれの行政手続法を改正しなければならない。さらに、こうした一般法の統一を待って、これらに沿って、連邦や各州の個別法の手続規定の整理を実施するという手順が必要となろう。こうした作業が短期間に完遂できるか否かによって、今回の法改正による目的達成の成否が大きく左右されることとなる。

〔追記〕

本稿は、一九九七年九月、同名で東洋法学四一巻一号に掲載したものである。直接のテーマとしては、ＥＣ環境法の国内法化に関するものではないが、広い意味ではＥＣ法への対応であることは疑いなく、また、ドイツにおける環境アセスメントのあり方とも密接な関連を有するものであるため、ここに収録した。その後、改正行政手続法については、それに対応する注釈書の改訂版などもいくつか発行されている。

（1）　山田洋・大規模施設設置手続の法構造三四四頁（終章二節「計画手続の促進」）。

（2）　こうした傾向を代表するものとして、Umweltgutachten 1996 des Rates von Sachverständigen für Umweltfragen : Zur Umsetzung einer dauerhaft-umweltgerechten Entwicklung, BT-Drucksache 13/4108, S. 68 ff.

（3）　手続の促進については、近年も無数の文献があるが、最近までの動きを総括するものとして、Repkewitz, Beschleunigung der Verkehrswegeplanung, VerwArch. 1997, S. 137 ff.

（4）　Gesetz zur Beschleunigung der Planungen für Verkehrswege in den neuen Ländern soweit Land Berlin v. 16. 12. 1991, BGBl. I S. 2174 ff.

（5）　Gesetz zur Erleichternung von Investitionen und der Ausweisung und Bereitstellung von Wohnbauland v. 22. 4. 1993, BGBl. I S. 466 ff.

（6）　Gesetz zur Vereinfachung der Planungsverfahren für Verkehrswege v. 17. 12. 1993, BGBl. I S. 2123 ff.

(7) これについては、Repkewitz, VerwArch. 1997, S. 143 ff.

(8) Bundesministerium für Wirtschaft (Hrsg.), Investionsförderung durch flexible Genehmigungsverfahren (1994), S. 1 ff.

(9) Entwurf eines Gesetzes zur Beschleunigung von Genehmigungsverfahren, BT-Drucksache 13/3995, S. 1 ff.

(10) Entwurf eines Gesetzes zur Beschleunigung und Vereinfachung von immissionsschutzrechticher Genehmigungsverfahren, BT-Drucksache 13/3996, S. 1 ff.

(11) Entwurf eines Sechsten Gesetzes zur Änderung der Verwaltungsgerichtsordnung und anderer Gesetze, BT-Drucksache 13/3993, S. 1 ff.

(12) 立法の経緯については、Schmitz/Wessendorf, Das Genehmigungsverfahrensbeschleunigungsgesetz――Neue Regelungen im Verwaltungsverfahrensgesetz und der Wirtschaftsstandort Deutschland, NVwZ 1996, S. 955 ff.

(13) Stellungnahme des Bundesrat, BT-Drucksache 13/3995, S. 11 ff.

(14) Entwurf eines Gesetzes zur Sicherung des Wirtschaftsstandorts Deutschland durch Beschleunigung und Vereinfachung der Anlagenzulassungsverfahren, BT-Drucksache 13/1445, S. 1 ff. この法案は、今回の促進法の成立により、「処理済み」とする措置が採られている。

(15) Beschlußempfehlung und Bericht des Innenausschusses, BT-Drucksache 13/5085, S. 1 ff.

(16) Schmitz/Wessendorf, NVwZ 1996, S, 957.

(17) Gesetz zur Beschleunigung von Genehmigungsverfahren v. 12. 9. 1996, BGBl. I S. 1354 ff.

(18) Gesetz zur Beschleunigung und Vereinfachung von immissionsschutzrechtlicher Genehmigungsverfahren v. 9. 10. 1996, BGBl. I. S. 1498 ff.

(19) Sechsten Gesetz zur Änderung der Verwaltungsgerichtsordnung und anderer Gesetze v. 11. 11. 1996, BGBl. I S. 1690 ff.

(20) Gesetz zur Änderung verwaltungsverfahrensrechtlicher Vorschriften v. 2. 5. 1996, BGBl. I S. 656 ff. この改正は、要するに、補助金の交付決定などについて、その交付後に目的外使用などの交付条件違反が生じた際などに、その返還を求めるため、決定を遡及的に「撤回」しうることなどを明文化したものである。

(21) 今回の行政手続法改正の解説として、Schmitz/Wessendorf, NVwZ 1996, S. 955 ff.；Jäde, Beschleunigung von Genehmigungsverfahren nach dem Genehmigungsverfahrensbeschleunigungsgesetz, UPR 1996, S. 361 ff.；Stüer, Die Beschleunigungsnovellen 1996, DVBl. 1997, S. 326 ff.；Bonk, Strukturelle Änderung des Verwaltungsverfahrens durch das Genehmigungsverfahrensbeschleunigungsgesetz, NVwZ 1997, S. 320 ff.

(22) 行政手続法四五条による手続的瑕疵の治癒について、従来の判例や学説の包括的な解説として、海老沢俊郎・行政手続法の研究三〇六頁、高木光・技術基準と行政手続一五〇頁。

(23) この点について、Bonk, NVwZ 1997, S. 324 f.

(24) Schmitz/Wessendorf, NVwZ 1996. S. 957.

(25) Schmitz/Wessendorf, NVwZ 1996, S. 958.

(26) Bonk, NVwZ 1997, S. 324 f.

(27) 行政手続法四六条については、多くの紹介があるが、ここでは、海老沢・前掲注（22）三四一頁、高木・前掲注（22）一六〇頁、を挙げるに留める。とくに、施設設置手続との関連では、その他の文献の引用なども含めて、山田・前掲注（1）二八六頁（第四章第一節㈡「手続瑕疵と決定内容への影響」）。

(28) BVerwG, Urt. v. 30. 5. 1984, BVerwGE 69, S. 256 (259 f.). この判決とそれをめぐる議論については、山田・前掲注（1）二八八頁。

(29) Gesetzentwurf Verwaltungsverfahrensgesetzes, BT-Drucksache 6/1173, S. 1 ff.

(30) Gesetzentwurf Verwaltungsverfahrensgesetzes, BT-Drucksache 7/910, S. 1 ff.
(31) Bonk, NVwZ 1997, S. 325 f.
(32) ドイツにおける施設設置手続の全体的なシステムについては、さしあたり、山田・前掲注（1）一頁（序章「施設設置手続の基本設計」)。
(33) Begründung, BT-Druchsache 13/3995, S. 10. ; Schmitz/Wessendorf, NVwZ 1996, S. 906.
(34) Bonk, NVwZ 1997, S. 323.
(35) Bonk, NVwZ 1997, S. 323 f.
(36) 排除効の制度について詳しくは、文献などの紹介を含めて、山田・前掲注（1）一四八頁（第二章第二節「手続参加と排除効」)。
(37) BVerfG, Beschl. v. 8. 7. 1982, BVerfGE 61, S. 82 (109 f.).
(38) Drittes Rechtsbereinigungsgesetz v. 28. 7. 1990, BGBl. I S. 1221 ff.
(39) Bonk, NVwZ 1997, S. 329.
(40) 計画許可の制度については、すでに多くの研究があるが、最近のものとして、Kröger/Schulz, Verfahrensbeschleunigung durch Plangenehmigung zu Lasten des integrierten Umweltschutzes? NuR 1995, S. 72 ff.; Axer, Dir Konzentrationswikung der Plangenehmigung, DöV 1995, S. 495 ff. ; Ringel Die Plangenehmigung im Fachplanungsrecht (1996), S. 1 ff. ; Gassner, Zur Gleichstellung der Rechtswirkung von Planfeststellung und Plangenehmigung NuR 1996, S. 426 ff.
(41) 計画許可に際しては、自然保護団体の参加も省略されるとする決定として、BVerwG, Beschl. v. 15. 12. 1994, NuR 1995, S. 247 f.
(42) Schmitz/Wessendorf, NVwZ 1996, S. 960.
(43) この問題の従来の経緯については、山田・前掲注（1）三〇五頁（第四章第二節「較量過程の瑕疵と計画」)。

(44) Stüer, DVBl. 1997, S. 331.
(45) 適用範囲が不明確であることについて，Bonk, NVwZ 1997, S. 327.；Jäde, UPR 1996, S. 363 f.
(46) Begründung, BT-Drucksache 13/3995, S. 8.
(47) Jäde, UPR 1996, S. 364 f.
(48) Schmitz/Wessendorf, NVwZ 1996, S. 958 f.
(49) Begründung, BT-Drucksache 13. 3995, S. 8.
(50) Schmitz/Wessendorf, NVwZ 1996, S. 9596 f.
(51) Stüer, DVBl. 997, S. 332.
(52) Schmitz/Wessendorf, NVwZ 1996, S. 961 f.

第三節　環境影響評価と市民参加

——オーストリア法の試み——

一　はじめに

（1）近年、公共事業のあり方などについての一般の関心がとみに高まってきている。こうした公共事業などの大規模プロジェクトについて、環境保護などの多様な利害を代表する関係者や行政機関の参加の下に、その「公共性」を吟味し、その実施の是非を決定する手続の整備は、わが国の法制度における長年の宿題であると同時に、緊急の課題でもある。(1) しかし、行政手続法の制定に際して、このような手続の立法化が今後の検討課題として先送りされたことは、周知のとおりである。(2) さらに、先年に実現した環境影響評価法の制定に際しても、環境影響評価手続が先のような事業実施決定手続でないことが強調されてきた。(3) 結局、このような手続は、いずれの立法過程においても、いわば「お荷物」として切り捨てられてしまったわけであるが、こうした方策は、各界の抵抗を緩和して法律の成立を可能とするための戦略としては、理解できないわけではない。

ただ、公共事業などの実施手続において、事業実施による経済効果などに対抗するものとして考慮されるべき利害としては、（広い意味における）環境保護が主要な地位を占めることも疑いない。その結果、少なくとも事実上は、こうした手続と環境影響評価手続とは、大きく重なり合ってくることとなる。そこで、たとえばドイツのように、こうした手続が環境影響評価制度に先行して存在する国においては、[4]前者に後者を組み込むという立法政策が採用され、両者が一体として実施されることとなる。反対に、わが国のように、環境影響評価制度が先行する場合には、環境影響評価制度の立法化を公共事業実施手続の整備への一つの原動力として利用したり、あるいは前者に後者の代替物としての機能を期待するといった傾向が出てくることも、無理からぬところと言えよう。そして、こうした方向も、当面の成果として環境影響評価法（さらには行政手続法）の成立を見た現在、新たな戦略として考慮に値するのではないかと思われる。

（**2**）さて、本稿において紹介を試みるオーストリアにおいては、以下で見るとおり、従来は、整備された公共事業実施手続も環境影響評価制度も存在せず、それらの整備が長年の懸案とされてきた。そうした意味では、隣国ドイツよりも、わが国に近い法的状況にあったとも言える。ところが、オーストリアも、一九八九年に欧州共同体への加盟を申請（正式加盟は一九九五年）、その条件整備のためにEC指令に沿った環境影響評価制度の整備を早急に実施しなければならないこととなった。そのための法整備の過程において、当初の目的であった環境影響評価制度に付加する形で、大規模プロジェクトの実施についての市民参加手続が法制化されることとなり、さらには、従来は並行的に実施されていた各法による許認可手続の一本化という制度改革まで実現することとなった。こうして一九九三年一〇月に成立したのが連邦の「環境影響評価（Umweltverträglichkeitsprüfung）および市民参加（Bürgerbeteiligung）法」[5]である。この法律は、要するに、一定の大規模プロジェクトの実施については、市民を幅広く参加させた集中的な（必要な諸手続を統合した）許可手続によることとし、その中で環境影響評価を実施するとするものである（やや規模の小さいものについては、簡易な市民参加手続によることとなる）。

この法律によって、オーストリアは、環境影響評価制度の導入をバネにして、一気に、年来の懸案に決着を付けたことになる。こうした立法のあり方は、ドイツなどで問題となるような各制度間の抵触を回避し、全体としてバランスのとれた制度を確立するという観点からも、望ましい方向といえよう。許認可手続の簡素化と市民参加の拡大とを総合的に組み合わせ、（単なる妥協の産物としてではなく）各方面に受け入れられやすい調和のとれた制度を模索するという発想にも、学ぶべきものがあると思われる。

（3）以下、本稿においては、このオーストリア法の成立の経緯と内容を概観していくこととしたい。ただ、オーストリア法については、その基礎的理解も十分でなく、資料の収集も完全を期しがたいため、ここでは、手近な資料に基づいた概括的な紹介に終わらざるをえない。また、すでに環境影響評価法が成立し、今後の展望も開けていない現状では、オーストリア法の紹介がわが国の立法に直接的に資するものとなるとも考えられない。しかし、環境影響評価制度から大規模プロジェクトの実施手続全体の整備を展望するという方向自体は、必ずしもわが国に無縁のものとばかりはいえまい。ドイツ環境法などに比べて、わが国に紹介される機会の少ない分野でもあり[6]、あえて紹介を試みることとしたい。

二　立法の経緯

（1）周知のとおり、オーストリアにおいては、一九二五年、世界で最初の行政手続法が制定されている[7]。すなわち、同国においては、ドイツ諸邦とほぼ時を同じくして、一八七五年に行政裁判制度の確立を見たが、その行政裁判所は、一審制である上、行政官庁の事実認定に拘束され、自身は事実認定の権限を持たないという特異な構造を持つものであった。そのため、裁判所としては、行政官庁の事実認定を手続の面からコントロールするという方向で活動することを余儀なくされ、以後の半世紀にわたり、多くの行政手続に関する判例理論を蓄積する結果となった。こうした蓄積の上に成立したのが前記の行政手続法であることは、わが国にも以前から紹介されてきたところである。(8)

もちろん、この行政手続法の内容は、その時代的な制約もあって、今でいう行政処分（Bescheid）についての事前および事後の手続（聴聞、文書閲覧、理由付記など）に限られていた。(9) もちろん、この法律によっても、許可の手続などに第三者が当事者（Partei）として参加する余地はないではないが、いうまでもなく、後年のドイツ法における計画確定手続などに類するようなプロジェクト実施などについての特別の手続類型を規定するという発想はない。そして、この行政手続法は、その後のドイツへの併合期に失効したものの、そのまま戦後に再公布され、基本的に改正を被ることなく、ほぼ制定当時のままで今日に至ってる。(10)

一方、個別法の中には、いわゆるプロジェクト実施手続に類するものが無かったわけではない。たとえば、オーストリアにおいても、かなり以前から、営業法（Gewerbeordnung）の中に、ドイツにおけるイムミシオン防止法（以前の営業法）による許可手続と同じような工場許可手続が存在し、そこでは関係住民などの意見聴取（異議申立て）の途も規定されている。(11) そのほか、建設法など、いくつかの法領域にも類似の参加制度が立法化されてきた。(12) しかし、これらの諸手続は、必ずしも整備されたものではなく、また、これらの手続をプロジェクト実施手続あるいは市民参加手続などとして統一的に把握するという発想にも乏しかったようである。総じて、これらの個別法による諸手続も、ドイツなどにおけるのと比べても、あまり大きな注目を集めることはなかったと言うべきであろう。

（2）　もっとも、一般的な行政手続などへの市民参加を求める議論は、かなり早期から存在しており、伝統的に環境問題に敏感な国情を反映して、環境影響評価制度への取り組みも、必ずしも遅くはなかった。[13] 一九七〇年のアメリカにおける国家環境保護法（ＮＥＰＡ）の制定による制度導入の影響を受けて、すでに七〇年代中盤から、オーストリアにおける環境影響評価制度の法制化への動きは始まっている。一九八一年末には、連邦健康・環境省（当時）の委嘱をうけた連邦の研究機関により、同国初の環境影響評価法案なども作成されることとなった。また、一九八三年には、連邦政府により、環境影響評価と大規模プロジェクトへの市民参加が環境政策の優先目標として表明されている。これをうけて、一九八五年には、連邦総理府の手により、行政手続法にプロジェクト実施手続への市民参加を盛り込むための「行政手続の民主化」法案が作成され、さら、連邦健康、環境省の手により、環境影響評価法案も作成されるに至ったのである。ちなみに、同年にＥＣの環境影響評価指令[14]も同理事会によって発せられており、こうした動きもオーストリアにも影響を与えていたと思われる。[15]

　このうち、市民参加のための行政手続法などの改正案は、一九八六年には政府提案として議会に提案されたが、立法期（一六期）内には成立せず、翌年からの新立法期（一七期）においても再提案されたが成立に至らなかった。[16] もっとも、これ以後、九〇年頃までに、個別法の改正によって、多くのプロジェクトの実施手続について、市民参加の手続が整備されることとなる。[17] 一方、環境影響評価法案については、政府内の意見集約にてまどり、なかなか議会への提案に至らなかった。しかし、ＥＣへの加盟申請を目前に控えた一九八八年、新たに成立した連邦環境・青少年・家庭省によって、ようやく新たな環境影響評価法案が作成され、翌年、発表されることとなった。[18]

　さて、一九九一年からの一八立法期の議会には、一方では、連邦総理府の手になる市民参加法案が議員提案で、他方では、連邦環境・青少年・家庭省の手になる環境影響評価法が政府提案で、それぞれ提案され、下院において、前者は憲法委員会、後者は環境委員会に付託されることとなった。とくに、後者については、基になった一九八九年案への批判が強かったこともあり、当初から大幅な修正が予想されていた[19]。さらに、両法案については、その密接な関連性から統合が早くから意図され、これらを審議するため両委員会におかれた小委員会の委員は、同一の顔触れとされた。そして、これらの委員により、両法案を統合する新法案の起草が図られることとなったのである[20]。

ところで、従来の法案においては、市民参加と環境影響評価のいずれについても、各種の許認可手続ごとに、個別に行われることとなっていた。オーストリアにおいても、大規模プロジェクトなどにおいては、多くの法律により多数の許認可が必要とされるのが常態であったから、このままで市民参加手続などを導入すると、一つのプロジェクトにおいて複数の手続が並行して実施されざるを得なくなる。そこで、経済界などから、市民参加や環境影響評価手続の導入による負担の増加を受け入れるためには、許認可の整理・集中が不可欠であるという主張が強くなされることとなった[21]。さらに、こうした手続の集中は、環境影響評価における環境への影響の総合的評価の前提ともなると考えられた。こうした主張を受けて、下院の小委員会は、市民参加と環境影響評価の両法案を統合するとともに、それらを実施するための許認可手続の一本化、すなわち「集中的許可手続」の立法化に取り組むこととなった[22]。これによって、プロジェクトの実施手続に関する立法作業は、連邦と州との権限配分の再検討まで視野にいれた一大行政改革の様相を帯びることとなったわけである[23]。

(3)　当然の事ながら、一九九一年の両法案提出を受けて翌年二月から開始された小委員会の新法案作成の作業は、極めて困難なものとなり、結局のところ、九三年夏まで一年半を要することとなった。許認可の統合を求める経済界と既得権限を守ろうとする州・連邦との対立（環境団体なども参加の機会の縮小を恐れて、これに消極的）、統一的な許認可庁の決定についての州と連邦との対立、環境影響評価結果の拘束力の強化と手続への参加機会の増大を求める環境団体とこれに抵抗する経済界との対立、環境影響評価の適用事業の範囲をめぐる各界の対立など、多くの利害の対立が調整され、妥協が図られることとなったのである。(24)

とりわけ、オーストリアのような連邦国家においては、連邦と州との関係の調整が困難な課題となる。いずれにせよ、環境影響評価などについての連邦の統一的な立法権限を認めるためには、連邦憲法の改正が必要となる。(25)また、従来、連邦と州とに分属していたプロジェクト関係の諸々の許認可について、最終的に州政府による一つの集中的許可に一本化する合意に至るまでには、かなりの曲折があったといわれる。(26)

結局、小委員会によって作成された原案に基づいて「連邦環境影響評価および市民参加法」が議会を通過することとなり、一九九三年一〇月一四日、公布され、同法は、翌年七月一日より施行されることとなった。ただし、経過規定により、同法による手続が義務付けられるのは一九九五年一月一日以降に開始される手続に限られる。ちなみに、同日がオーストリアのEUへの正式加盟の日であるから、一見、同国の環境影響評価制度の法制化は、EC環境影響評価指令の受け入れの期限に間にあったかに見える。しかし、従来のEFTA（欧州自由貿易連合）加盟国であった同国は、一九九二年にEFTA諸国とEUとの間で締結されたEEA（欧州経済地域）協定によって、EU加盟に先だつ一九九四年一月一日までに、環境影響評価指令を含むEU／EC指令の国内法化を義務付けられていたのである。(27)したがって、同国の環境影響評価制度の法制化は、国際法的な公約を一年ほど徒過する結果となったわけであり、この事実は、いかに立法化作業が困難であったかを証明するものといえよう。

三　法律の概要

(1)　この「環境影響評価および市民参加法」は、基本的には、三種類の手続を用意している。[28] まず、同法の付表一に列記された大規模プロジェクトについては、第一節の定める「環境影響評価を伴う集中的許可手続（konzentriertes Genehmigungsverfahren）」が適用される。この手続においては、当該プロジェクトに関わる全ての許認可が一本化され、これによる許可を得ることによって他の法令による許認可は、一切、不要となる。いわゆる「集中効（Konzentrationswirkung）」が認められるわけで、ドイツの計画確定手続に類似した制度といえる。[29] また、この手続の中で環境影響評価が実施され、その結果が許可の決定において考慮されることとなる。

これに対して、やや規模の小さいプロジェクト（付表二に列記）については、やや簡易な「市民参加手続（Bürgerbeteiligung）」（第五節）によることとなる。この手続においては、手続の一本化あるいは集中効は規定されていないものの、当該プロジェクトに必要な許認可の諸手続の中で、主要な手続として法定された許可手続において住民参加などの手続が実施され、他の許認可は、主要手続の結果を考慮して決定されることとなっている。ここでは、正式の環境影響評価は、実施されない。その他、連邦道路や高規格鉄道の建設については、特別の手続が用意され、ここでは、個別の許可に先立つ路線決定の段階において環境影響評価が実施されることとなっている（二四条）。以下、集中的許可手続と市民参加手続について、それぞれの基本的な流れを概観しておくこととしたい。

(2)　まず、集中的許可手続であるが、先に述べたとおり、付表一に列記された大規模プロジェクトについて実施されるが、そこには、廃棄物処理施設、空港、鉄道、発電所、各種工場など、五〇種類について、それぞれ、この手続を要する規模が規定されている。この範囲についても、制定過程において、かなり議論があったようであるが、(30)類似の手続であるドイツの計画確定手続よりも、はるかに適用領域が広いことだけは、一見して明らかである。また、正式の環境影響評価の対象となる業種もこれによることとなるが、これについてのドイツ環境影響評価法との比較は容易ではない。しかし、いうまでもなく、ここには、EC指令によって環境影響評価が義務付けられているものは、すべて含まれている。なお、この手続には、集中効が付与されているため、その担当官庁については、連邦と州との間で激しい争いとなったようであるが、結局、州政府が許可官庁となることで決着している。(31)このことは、行政改革の観点からは、きわめて大きな意味を持つこととなる。

さて、この手続は、環境影響評価を含んでいるため、それについてのスコーピング(32)から、手続がスタートすることとなる（四条）。すなわち、事業者は、正式の許可申請の六か月以前までに、許可官庁（州政府）に対して、事業の基本構想と環境影響調査の構想を提出する。官庁は、関係官庁や地元自治体・隣接自治体などにこれらの書類を送付して、その意見を求める。とくに、地元および隣接自治体は、四週間を越えない期間内で、これらの書類を一般に知らせ、意見提出の機会を与える。そして、これらの意見に基づいて、官庁が環境影響評価の構想などを仮に審査することとなる。そして、これに沿って事業者が環境影響調査を実施し（五条）、「環境影響説明書（Umweltverträglichkeitserklärung）」を作成するわけである（六条）。なお、ドイツ法には、スコーピング段階での住民参加の規定はないから、この点で、まず、オーストリア法の手続のほうが手厚いと評価しうるであろう。ちなみに、スクリーニングの発想は、両者とも、見あたらない。

この説明書の作成が終了すると、これを添付して、事業者が正式の許可申請をすることとなる。この申請がなされると、関係書類が関係する行政機関に送付されるとともに、環境影響説明書について環境担当行政機関や地元・隣接自治体に意見照会がなされる。これらは、四週間以内に意見を提出できる（五条）。一方、許可官庁は、審査のプラン（七条）と環境影響評価の鑑定者のリスト案（八条）を作成する。そして、申請関係書類、環境影響説明書、各団体の意見書が地元において六週間の縦覧に供されることとなる。この期間、何人も環境影響評価説明書などについて、意見を提出することができる（九条）。ちなみに、この際、地元・隣接自治体の二〇〇名以上の有権者の署名より意見が提出されると、以後、この団体（市民グループ）は、手続における「当事者（Partei）」[33]として扱われ、書類閲覧などの権利を行使できるほか、事後の訴訟の原告となることも認められる（一九条四項）。この「市民グループ（Bürgerinitiativen）」という制度は、オーストリアにおける市民参加手続の大きな特色と言える。[34]反面、ドイツの自然保護法などに見られる環境保護団体などの参加という制度は、この法律では取り入れられていない。

次に、許可官庁は、各団体や住民などの意見を参考にしながら、環境影響評価の鑑定者（複数）を選任し、これに「環境影響鑑定書（Umweltverträglichkeitsgutachten）」の作成を求めることとなる（一二条）。もちろん、この鑑定書において、最終的には、環境全体への影響が評価されることとなるが、その前提として、部分的な鑑定を依頼することも可能である。また、この鑑定者については、民間人や民間機関を選任することも許されている。鑑定書は、事業者、関係機関などに送付されるとともに、四週間以上の縦覧に供されることとなる（一三条）。環境影響評価の過程において、専門家の意見を求めることは、実務的には、ドイツにおいても当然に行われているところであるが、（民間を含めた）専門家の鑑定を求めるべきことを正面から規定していることも、この法律の注目すべき特色といえよう。むしろ、この法律においては、環境影響評価の一つの中核と位置付けていると考え

られるのである。(35)

さて、環境影響鑑定書の提出から六週間以内に、事業とその影響についての「公的意見陳述（öffentliche Erörterung）」が実施される（一四条）。これについては、三週間以前に公示がなされる。この場合においては、何人も意見を述べることができるが、事業者、関係行政機関のほか、関係自治体、地権者、前記の市民グループなどについては、特別に招換される。もちろん、前記の鑑定者も出席することとなる。(36)

さらに、この環境影響評価手続の一環としての「公的意見陳述」とは別に、その他の許可要件全般について審理するための「口頭審理（mündliche Verhandlung）」も実施される（一六条）。この手続に「当事者」として参加する者は、個別法がとくに定めている者のほか「プロジェクトの実施によって自身またはその所有権などの権利が害されうる者であって、それに異議申立てをした近隣住民」である（一九条一項）。そのほか、ここでも、事業者はもちろん、地権者、関係自治体、前記の市民グループなども招換されることとなっている。先の環境影響評価のための「公的意見陳述」とは異なり、この「口頭審理」に参加するのは、以上の「当事者」だけで、何人でも意見が述べられるわけではない。両者を合体させるドイツ法と比較すれば、あえて両者を区別していることも、この法律の大きな特色といえよう。(37)おそらく、こうした点に、「当事者（Partei）」の手続的権利を重視してきたオーストリア行政手続法の伝統が生きているということであろう。(38)

最終的には、こうした手続の結果を踏まえて、許可官庁が決定を下すことになる（一七条）。この集中的許可手続における決定には、集中効が認められているため、この決定においては、本来はプロジェクトに必要であったはずの諸々の許認可の全ての要件が判断されることとなる（ただし、ドイツの許可手続に見られるような「部分許可（Deteilgenehmigung）」も認められている）。とりわけ、環境については、有害物質の排出さらには廃棄物を技術的に可能なかぎり制限すること、環境への負荷を最小にすることが許可要件となる。ここでは、環境影響評価の結果が「考慮（berücksichtigen）」されなければならない（ドイツ法と同様に、拘束力はない）。さらに、自然環境全体への影響など、（個別の要件を越えた）総合的な評価の結果を理由として、（全ての要件を満たしている場合にも）許可を拒否することができることとされている。これが許されるか否かは、ドイツにおいては、イムミシオン許可などにおいて、今なお争われているが[39]、オーストリア法は、明文でこれを承認したことになる。こうした決定の主要な内容は、その理由とともに公表されることとなる[40]。

ちなみに、この決定に対しては、各界代表や裁判官などから構成される連邦の「環境評議会（Umweltsenat）」[41]に不服申立てすることが認められている（四〇条）。先にも触れたとおり、立法過程において、許可官庁を連邦の機関とするか州に委ねるかについて、連邦と州とが激しく対立したが、これを州政府とすることで決着した。いわば、その見返りとして連邦機関たる環境評議会への不服申立ての途が開かれたものである。ただし、この部分は、二〇〇〇年末までの時限立法とされている[42]。このほか、工事終了後の完成審査（二〇条）、稼働三から五年後の事後審査（二一条）などについても、明文の規定がおかれている。

（3）　第二の手続類型である「市民参加手続（Bürgerbeteiligung）」は、前記の集中的許可手続と比較して規模などにおいて劣るプロジェクトについて実施されることとなるが、これについては、付表二に列挙されている。この手続は、前記の手続に比べると、正式の環境影響評価が省略されるなど、かなり簡略化されたものとなっており、集中効もない。ただし、プロジェクトに必要な許認可のうち、付表二によって「主要手続（Leitverfahren）」とされた手続において、当該許可の担当官庁により以下の参加手続が実施され、他の官庁は、その結果を考慮して、それぞれ決定を下す仕組みとなる。

まず、事業者は、主要手続の担当官庁に対し、当該許可の申請書類に添えて、プロジェクトの全体構想と環境などへの影響の説明文書（環境影響説明書に準ずる）を提出する（三一条）。これらの文書は、地元の自治体に送付され、六週間以上の縦覧に供されるが、この間、何人も意見書を提出できる（三二条）。ここで二〇〇名以上の署名を添えて意見書を提出した市民グループが「当事者」としての地位を獲得することは、前記の集中手続と同様である（三三条）。その他、地元自治体なども、意見書を提出すれば、主要手続において、書類閲覧権などを行使することができる（三四条）。

つぎに、意見提出期限終了から一か月以内に、主要手続の許可官庁により、「公的意見陳述（öffentliche Erörterung）」が実施される（三五条）。これについては、三週間以前に公示される。ここで何人も意見を述べることができるが、事業者、関係行政機関、市民グループなどが招換されることなど、その運営については、基本的には集中手続におけるものに準じた規定となっている。こうした手続の結果を「考慮」して、主要手続をはじめとするプロジェクトに必要な諸々の許認可について、それぞれの担当官庁による決定がなされることとなる（三八条）。

全体として、この市民参加手続は、正式の環境影響評価が省略されているため、スコーピングや環境影響の鑑定などがなく、簡略な手続となっていることは確かである。しかし、この手続においても、事業者は、環境影響説明書に準じた書面の提出が義務付けられており、書類の縦覧と意見書提出を経て公開意見陳述へ、という手続の基本パターンは維持されている。(43)見方によっては、こちらの市民参加手続が、その内容において、すでにドイツ法の手続水準に到達しているとの評価すら可能であろう。

四　むすび

（1）　以上、簡単に「環境影響評価および市民参加法」による手続の流れを紹介してきた。手続の実態に関する資料に乏しく、基本的には条文を辿ったのみであるから、手続のイメージを摑みきれないという憾みは免れないが、さらに立ち入った分析は、今後の宿題とせざるを得ない。しかし、全体としての印象として、とりわけ集中的許可手続などについては、ドイツ法における手続などと比較して、かなり「手厚い」あるいは「重たい」手続であるという評価は否定できないであろう。おそらく、この点については、一審制であるとともに事実認定の権限を持たない行政裁判制度を前提として、行政のコントロールあるいは権利保護の重点を事前の行政手続におかざるを得なかったというオーストリア法の伝統が少なからず影響していると考えられる。さらに、「市民グループ」の地位の制度化に端的に現れているように、現代オーストリアにおける環境保護などの市民運動の影響力[44]、さらには市民全体の環境意識の高さなども、こうした手続のあり方に反映されているのかもしれない。

ただ、一方においては、ドイツと同様、ＥＵ加盟による経済競争の波に洗われつつあるオーストリアにおいても、許認可手続の促進を求める声は高まっている[45]。この法律の立法過程における許認可手続の集中制度の導入は、まさに、こうした声に応えたものであった。また、手続の各段階毎に処理期間を法定しておくという方法も、近年のドイツ法で採用されている手続促進策であるが、この法律の中でも、すでに随所に規定されている。こうした意味では、この法律自体も、許認可手続の促進（あるいは合理化）という各国共通の現代的課題をも、大いに意識したものであると言えよう[46]。オーストリア政府においても、すでに、さらなる手続促進のための立法措置が検討されているという。

（２）とりわけ、許可手続の統合は、環境法の分野での国際的トレンドでもある。大気や水といった環境媒体毎の規制は、もはや時代遅れであり、統合的な許可制度によって、環境の総体を保護すべきであるという考え方が趨勢となりつつあり、(47) ＥＵにおいても、一九九六年九月、こうした統合的な許可制度の整備を加盟国に命ずる「環境汚染の統合的削減に関する理事会指令」(48) が発せられるに至っている。集中的許可手続の中に環境影響評価制度を組み込み、総合的な環境保護を図ろうというオーストリア法の試みは、この指令を先取りするものであったと言える。

すでに、別稿においても指摘したように、(49) わが国の環境立法のおかれている現状は、とりわけ民間施設の規制において、いうまでもなく、こうした「統合」の対極にある。環境影響評価法の成立も、その対象から民間施設の多くが抜け落ちていることもあって、こうした状況を大きく変化させるものではない。しかし、こうした状況で、十分な環境保護が可能であるのかどうか、海外の趨勢に照らすと、再検討の必要がないであろうか。こうした意味でも、オーストリア法の試みは、わが国に対する新たな問題を提起していると受け止めることができよう。

〔追記〕

本稿は、一九九七年一二月、同名で比較法（東洋大学）三五号に掲載したものである。本書収録の他の論文と異なり、オーストリアを対象とするものであるが、ＥＣ環境法の国内法化をテーマとしており、ドイツ法との比較なども試みているため、本書に収録した。このオーストリア法についても、ある程度、統合的環境規制指令や改正環境影響評価指令（本章第一節の追記を参照）との適応が必要となるはずであるが、今のところ、資料を入手していない。

（1） この問題につき、さしあたり、山田洋「公共事業と環境保護」法律時報六九巻一一号一八頁。

（2） この点について、たとえば、仲正・行政手続法のすべて一五三頁。

（3） この点について、たとえば、鎌形浩史「環境影響評価法について」ジュリスト一一五号三六（三七）頁。

（4） ドイツの環境影響評価制度については、すでに、多くの紹介があるが、最近のものとして、地球・人間環境フォーラム編・世界の環境アセスメント二七四頁、など。

（5） Bundesgesetz über die Prüfung der Umweltverträglichkeit und die Bürgerbeteiligung, BGBl. 697/1993.

（6） この法律の簡単な紹介として、わずかに目に付いたものとして、地球・人間環境フォーラム編・世界の環境アセスメント三五〇頁。

（7） オーストリアの行政手続法については、古くは、中村弥三次、尾上実両教授などの一連の業績があるほか、近年のものとしては、海老沢俊郎「行政手続の法典化――ドイツ・オーストリア」現代行政法大系三巻一九頁。行政手続法の邦訳としては、中村弥三次編・行政手続法資料三頁。

（8） こうした事情については、たとえば、山田洋「オーストリア行政裁判制度の成立～オーストリア行政手続法論序章～」法学論集（西南学院大学）一六巻四号一七頁。

（9） オーストリアにおける行政処分あるいは当事者などについては、さしあたり、Walter/Mayer, Grundriß des österreichischen Verwaltungsverfahrensrechts, 6. Aufl.（1995）, S. 46 ff.; 150 ff.

（10） オーストリア行政手続法の展開一般について、Walter/Mayer, aaO.（Anm. 9）, S. 7 ff.

（11） 営業法の三五六条に近隣住民の参加規定がある。これらの規定について、詳しくは、Eigner, Betriebsanlagengenehmigungen in Wien und Niederösterreich, in: Schwarzer（Hrsg.）, Die Beschleunigung von Betriebsanlagengenehmigung（1997）, S. 29 ff.

（12） オーストリアにおける住民参加規定の整備状況について、Meyer, Umweltverträglichkeitsprüfung und Bürgerbeteiligung, in: Österreichisches Jahrbuch für Politik 1993, S. 469（472 f.）.

(13)　以下，立法の経緯全般については，Meyer, aaO. (Anm. 12), S. 470 ff.; Raschauer, Kommentar zum Umweltverträglichkeitsprüfungsgesetz (1995), S. 2 ff.

(14)　Richtlinie des Rates v. 27. 6. 1985 über die Umweltverträglichkeitsprüfung bei bestimmten öffentlichen und privaten Projekten (85/337/EWG), ABl. Nr. L 175. S. 40 ff.

(15)　ＥＣの動きに触れながら，環境影響評価制度のあり方を論ずるこの時期の代表的な論文として，Pauger, Umweltverträglichkeitsprüfung und ihre Einbindung in das bestehende Rechtssystem, ÖJZ 1984, S. 505 ff.

(16)　この市民参加のための行政手続法改正案の内容については，Dolp, Zum Bürgerbeteiligungsverfahren bei umweltrelevanten Großprojekten, ÖJZ 1988, S. 481 ff.

(17)　Meyer, aaO. (Anm. 12), S. 427 f.

(18)　Bundesgesetz über die Prüfung der Umweltverträglichkeit, ÖJZ 1990, S. 392 ff. この草案に対する批判として，Gladt, Umweltverträglichkeitsprüfungsgesetz—ein trojanisches Pferd im Rechtsstaat? ÖZW 1989, S. 97 ff.; Mayer, Bemerkungen zum Entwurf eines Umweltverträglichkeitsprüfungsgesetzes, ÖJZ 1990, S. 385 ff.

(19)　この政府案への批判として，Raschauer, Umweltverträglicheitsprüfung und Genehmigungsverfahren, ZfV 1992, S. 100 ff.; Schwarzer, Die Berücksichtigung der Ergebnisse der Umweltverträglichkeitsprüfung durch das Betriebsanlagengenehmigungsrecht, ZfV 1992, S. 107 ff.; Pauger, Die Umweltverträglichkeitsprüfung im Spannungsfeld von Politik, Recht und Technik, ÖZW 1994, S. 2 ff.

(20)　議会審議の詳しい経緯については，Meyer, aaO. (Anm. 12), S. 474 ff.

(21)　Meyer, aaO. (Anm. 12), S. 476 ff.

(22)　このような小委員会の意図を示す報告として，Ausschußbericht, in: Hauer/Leukauf (Hrsg.), Handbuch des österreichischen Verwaltungsverfahrens, 5. Aufl. (1996), S. 1581 ff.

(23)　今回の立法の行政改革としての意義については、とりわけ、Weiss, Die Umweltverträglichkeitsprüfung als Teil der Verwaltungsreform, in : Österreichisches Jahrbuch für Politik 1993, S. 453 ff. ; Raschauer, Die Umweltvertraglichkeitsprufung als Teil der Verwaltungsreform, in : Osterreichisches Jahrbuch für Politik 1993, S. 485 ff.

(24)　Meyer, aaO. (Anm. 12), S. 475 ff.

(25)　この法律の成立と同時期に、そのための憲法改正がなされたが、その内容については、Raschauer, aaO, (Anm. 13), S. 7 ff. ; Ritter, Umweltverträglichkeitsprüfung (1995), S. 59 ff.

(26)　Weiss, aaO. (Anm. 23), S. 459 ff. ; Raschauer, aaO. (Anm. 23), S. 505 ff.

(27)　Raschauer, aaO. (Anm. 13), S. 9 f.

(28)　この「環境影響評価および市民参加法」については、コメンタールとして、Raschauer, aaO. (Anm. 13), S. 12 ff. 全般的な研究論文として、Ritter, aaO. (Anm. 25), S. 43 ff. そのほか、政府提案理由と小委員会報告を逐条的に整理し、簡単な解説を付したものとして、Hauer/Leukauf, aaO, (Anm. 22), S. 1579 ff.

(29)　ドイツの計画確定手続、とりわけ集中効について、山田洋・大規模施設設置手続の法構造一一五頁。

(30)　Meyer, aaO. (Anm. 12), S. 481 ff.

(31)　Weiss, aaO. (Anm. 23), S. 459 ff.

(32)　オーストリアにおいても「スコーピング」と通称される。Ritter, aaO. (Anm. 25), S. 90 ff.

(33)　この法律における当事者の概念について、Ritter, aaO. (Anm. 25), S. 149 ff.

(34)　Meyer, aaO. (Anm. 12), S. 480 f. ; Raschauer, aaO. (Anm. 23), S. 501 ff.

(35)　Ritter, aaO. (Anm. 25), S. 102 ff.

(36)　公的意見陳述のあり方などについて、詳しくは、Ritter,aaO. (Anm. 25), S. 122 ff.

(37)　両者を区別すべきことについて、たとえば、Raschauer, aaO. (Anm. 13), S. 90 f.

(38)　一般に、この法律における集中的許可手続全体の中での環境影響評価手続の位置付けは、必ずしも分かりやすいものではないが、この点について、Ritter, aaO. (Anm. 25), S. 137 ff.

(39)　この点については、山田洋「統合的環境保護の進展——EC環境法とドイツ——」比較法（東洋大学）三四号七三（七九）頁（本書第三章第一節）。

(40)　これに批判的な意見として、Ritter, aaO. (Anm. 25), S. 256 ff.

(41)　環境評議会の構成などについては、Bundesgesetz über den Umweltsenat, BGBl. 689/1993.

(42)　Weiss, aaO. (Anm. 23), S. 461 f.

(43)　この市民参加手続に対する肯定的な評価として、たとえば、Meyer, aaO. (Anm. 12), S. 492.

(44)　この法律の立法過程における市民運動などの影響力をうかがわせるものとして、Meyer, aaO. (Anm. 12), S. 476 ff.

(45)　その概観として、Schwarzer, Die Beschleunigung von Genehmigungsverfahren als wirtschafts- und umweltpolitisches Anliegen, in : ders. (Hrsg.), Die Beschleunigung von Betriebsanlagengenehmigung (1997), S. 1 ff. そのほか、同書に掲載の諸論文を参照。

(46)　この法律における手続促進への配慮について、簡単には、Weiss, aaO. (Anm. 23), S. 463 ff.

(47)　オーストリアにおける統合的な環境保護について、Kind, Umfassender Umweltschutz und Europarecht, ÖJZ 1997, S. 41 ff.

(48)　Richtlinie 96/61/EG des Rates von 24. 9. 1996 über die integrierte Vermeidung und Verminderung der Umweltverschmutzung (IVU-Richtlinie), ABl. Nr. L 257, S. 26 ff. この指令については、すでに、その制定過程の途中で紹介を試みた。山田・前掲注（39）比較法三四号八六頁。

(49)　山田・前掲注（39）比較法三四号七三頁。

は 行

ま 行

や 行

事項索引

〈著者紹介〉

山田　洋（やまだ　ひろし）

1953年　仙台に生まれる
1976年　一橋大学法学部卒業,
西南学院大学法学部教授
東洋大学法学部教授をへて,
現在　一橋大学大学院法学研究科教授

〈主要著作〉

『大規模施設設置手続の法構造』（信山社・1995年）
『道路環境の計画法理論』（信山社・2004年）
『現代行政法入門』（共著）（有斐閣・2007年）

学術選書
18
環境行政法

ドイツ環境行政法と欧州

1998年（平成10年）10月30日　第1版第1刷発行
1798-7:P256　e50.00-012:040-020
2008年（平成20年）6月30日　第1版改版新装第1刷発行
5418-1:P256　¥5800E-012:050-0150

著　者　山　田　　洋
発行者　今井　貴　渡辺左近
発行所　株式会社　信山社
〒113-0033　東京都文京区本郷6-2-9-102
Tel 03-3818-1019　Fax 03-3818-0344
henshu@shinzansha.co.jp
エクレール後楽園編集部　〒113-0033　文京区本郷1-30-18
笠間才木支店　〒309-1600　茨城県笠間市才木515-3
笠間来栖支店　〒309-1625　茨城県笠間市来栖2345-1
Tel 0296-71-0215　Fax 0296-72-5410
出版契約 2008-5418-1-01020　Printed in Japan

印刷・製本／松澤印刷・渋谷文泉閣
ISBN978-4-7972-5418-1　C3332　分類323.916-a012 環境行政法
5418-0102:012-050-0150

◇国際人権法学会編◇

国際人権１(1990年報)　人権保障の国際化
国際人権２(1991年報)　人権保障の国際基準
国際人権３(1992年報)　国際化と人権
国際人権４(1993年報)　外国人労働者の人権
国際人権５(1994年報)　女性と人権
国際人権６(1995年報)　児童と人権
国際人権７(1996年報)　国際連合・アジア
国際人権８(1997年報)　世界人権宣言
国際人権９(1998年報)　刑事事件と通訳
国際人権10(1999年報)　国際人権条約の解釈
国際人権11(2000年報)　最高裁における国際人権法
国際人権12(2001年報)　人権と国家主権ほか
国際人権13(2002年報)　難民問題の新たな展開
国際人権14(2003年報)　緊急事態と人権保障
国際人権15(2004年報)　強制退去・戦後補償
国際人権16(2005年報)　NGO・社会権の権利性
国際人権17(2006年報)　憲法と国際人権法
国際人権18(2007年報)　テロ・暴力と不寛容

◇塙浩　西洋法史研究著作集◇